.com世代的生活便利情報指南

韓妝女神

崔咪的韓系百變妝髮術

崔咪 TRAMY 著

精緻女人

藝人 穆熙妍

我還記得第一次見到崔咪的時候，心想：「怎麼會有這麼像洋娃娃的女生！」

會說話的夢幻大眼睛，栗色的長髮呈現完美的弧度，纖細的身材總是穿著特別，但卻非常適合她的服飾。身上許多美麗的飾品，充滿著精緻的細節。當時她是網路紅人，也是一家熱門服飾店的老闆娘。

我是個膚淺的人（笑），雖然她的風格和我並不相似，但我喜歡漂亮的人事物。因此迅速成為她的粉絲。漸漸認識她之後，更被她的特質所吸引。雖然擁護者眾多，崔咪從來不是個驕傲的人。她個性可愛，甚至有時候傻乎乎的。後來我才發覺，像娃娃的只是她的外表。崔咪的內心非常豐富，想法很多，然而她的個性並不夢幻。人都有夢想，而崔咪的目標明確，行動力很強。她有著娃娃的外表，卻願意辛苦地打造自己的城堡，將夢想一一實現。像公主而沒有公主病，這點是很難得的。

認真的人，是最有魅力的人。美雖然是很主觀的事，無法被度量，但無論妳的美感是屬於哪一型，都不得不欣賞努力這個素質。她美好地詮釋了「越努力，越幸運」這句話。

以崔咪自我要求高的個性，願意出書一定是準備好了。無論是穿搭、保養、流行、或是彩妝，期待崔咪帶給我們更多的驚喜。

通往女神的華麗旅程

藝人 拐拐

對我來說崔咪的人生是一個關於心動的故事。我們看到她夢幻華麗的幸福，她讓我們看到了，我們所夢想的亮麗不再只是夢想。她永遠有著自己的想法與獨到的眼光，無時無刻不充滿自信而且散發光芒。

術業有專攻這句話在崔咪身上完全不適用，在她的勇氣面前所有困難都不存在。她毫不猶豫、不迷茫地選擇不斷往專家的路上行進，為我們示範了女生勇敢的最佳解釋；勇敢，而且勇敢做自己，更勇敢向這個世界展現自己。像一個叫好又叫座的導演，就算有再多的票房保證，她的高人氣還是來自於她無畏也不加掩飾地展示自己最直接的感想，而又永遠能夠最真誠地觸及我們想要的那些東西。

她對於美妝、造型還有所有生活上的細節中帶著的熱情，認真地渲染著我們的世界，由她誠懇而且踏實的教學，讓女生們能夠逐步了解；我們都知道她是個漂亮的女生，而我們也由此發現，只要跟她抱持著同樣的熱情，自己也是、也能夠是、也會是一個漂亮的女生。

這次的書裡面她告訴我們，想要都教授的話，我們應該怎麼成為千頌依；為了金潭，我們該怎麼變身車恩尚。讓我們知道，今天，我們將會變為風靡萬眾的女神，從基礎保養、進階彩妝、護髮祕笈外帶超級私密產品介紹，一步一步帶領我們走向夢想的國度，走向每個女孩兒心中最深處、最渴望的夢想。

每個女孩兒心中都有一個屬於自己的的夢，一個照著鏡子的時候讓自己都不禁怦然心動的公主、讓王子一見鍾情的公主。認識她的這些年，我們跟著她學習適合的服飾、妝容、氣質，因為她找到自己。對於美妝及造型，她總有著許多特異而適當的想法，復古在她身上變成潮流，難以駕馭的元素都因為她的解釋還有示範而得到在每個人身上最服貼的樣子。

　　崔咪提醒我們應該在什麼時候對自己好一點，不，應該説永遠要對自己更好，也成了讓自己更好的最佳示範；她不僅僅教我們如何修飾整理外表，更親身示範了女孩兒該有的樣子，因為她讓我們學會原來生活可以是這樣，原來愛會是這種形狀，原來曾經作過的夢都將不只是夢，而是實實在在朝著女孩們靠近的未來。從最初單純的介紹與設計，到最近的品牌與店面，她圓了我們關於怦然心動、關於愛的一個夢。

　　恭喜我的好姊妹崔咪終於出書了，女孩們，準備好愛上自己了嗎？準備成為萬眾矚目的女神了嗎？

　　抓緊這本書，我們準備往只有韓劇中會出現的邂逅，只有夢中才會出現的情景前進了！

前言 分享韓妞的美麗秘密！

　　崔小咪經營部落格已經將近五年，之前我曾當過造型師助理、彩妝師、設計師……一些與流行產業相關的工作幾乎都接觸過，這也培養出我對流行的敏銳度與獨特見解。很多人都羨慕部落客的工作，也非常好奇部落客的生活，其實部落客每天的工作行程不外乎是一連串拍照、寫文章的輪迴，並沒有如大家想像的光鮮亮麗，但每一次將最新的流行產品和新鮮事物分享給網友，得到很多熱情的回應，總覺得特別地開心！分享變成我生活中最重要的事，而在分享同時也造就了百變的我！此外，網友的支持更提供了我在每天的生活小細節中尋求進步的正面能量。

　　這本書就是從無數個生活分享中所累積而成，包括大家平時最關注的美容美髮保養、韓妞彩妝教學，從基本的教學步驟讓大家可以用最快速的方法變美麗。以及崔咪的首爾敗家私房景點、美妝買物情報、當紅韓國設計師品牌店介紹，內容相當豐富喔！

　　近期韓風大熱，韓流儼然已經變成全亞洲最受注目的流行焦點，如果妳也喜歡韓國的美妝、服飾，不妨和我一起來探索韓國的時尚魅力吧！

CONTENTS

Chapter I 韓流美人彩妝術

Chapter Ⅱ 　崔咪愛保養

Chapter Ⅲ 　打造讓人怦然心動的亮麗秀髮

Chapter IV　首爾流行風：
　　　　　　韓式婚紗×明星美容室
　　　　　　服飾×美妝×追星美食

Chapter I
韓流美人彩妝術

崔小咪曾在參加時尚節目錄影的時候，和造型師討論到台灣女生最大的彩妝問題，就是無法畫出完美的底妝。一個完美的底妝會讓肌膚的瑕疵完美神隱；相反地，如果底妝沒畫好，即使妳精心畫了再好看的彩妝也是大打折扣。

對於化妝新手來說，畫好底妝或許不是容易的事。我建議大家，在畫底妝之前請先想想：適不適合自己的膚色？畫底妝時，可以依照自己的喜好，但也要考慮本身的膚質條件，一定要選擇和自己膚色相稱的顏色，才能畫出最適合的底妝。真正成功的底妝絕對不是呈現死白感，而是像剛做完 SPA 一樣，肌膚透亮、充滿光澤，讓妳整個人看起來神采奕奕！

打造明星級的完美底妝，底妝產品固然重要，上妝技巧也是要學習的。其實，專業彩妝師都有一套上妝的特殊手法，簡單來說就是「電動馬達手」。厲害的彩妝師會用彈力快速拍打的方式，將底妝產品打進皮膚裡，毛孔、瑕疵……什麼的統統都不見了，許多女明星拍戲熬夜，都是靠這種上妝技巧來克服肌膚黯沉、不吃妝的問題。

一個妝容好看與否，並沒有標準的答案，可以按照自己的心情和喜好來變化。想要畫出一個完美的彩妝，工具很重要。

另外，勤快練習和不斷地調整找出最適合自己的彩妝也是必經過程喔！一年四季的天氣常有變化，妳會發現，在冬天好用的粉底，一到夏天就很容易脫妝。而在夏天好用的粉底，到了冬天又太過乾燥。底妝產品也必須跟隨季節變換，不能一套產品用到底喔！

PART 1
打造零瑕疵的
淨透感底妝

妝前保養是打好底妝的基礎

喜歡看韓劇的崔小咪十分羨慕韓國女明星上了妝卻彷彿沒有化妝的裸妝感，她們的底妝輕薄透亮，看起來就像天生麗質。到底韓妞是怎麼辦到的呢？都是因為她們很重視妝前保養。

想要讓底妝更服貼、不脫妝，必須從妝前保養著手。妝前打底時，我會使用保濕噴霧幫助肌膚的保水度提高，避免出現卡粉的問題。尤其乾性肌的女生更要加強妝前保濕的動作喔！

韓妞的美容法寶：妝前飾底乳、CC 霜、氣墊粉霜

一定有不少人和我一樣好奇，為什麼韓妞可以上少量底妝，就能有如此白皙透亮的膚質？除了天生麗質外，韓國也推出不少修飾黯沉膚色的妝前飾底乳，解決膚色不均勻、不明顯的小斑點等肌膚問題，瞬間讓暗黃的肌膚調整到明亮光采的狀態。

在上底妝時，我會先使用妝前乳為肌膚打底。使用的時候先輕點於臉部，再從臉頰地方由內往外地輕輕推開即可。

對於愛美的女性來說，韓妞愛用的 CC 霜、氣墊粉霜可是一大福音。崔小咪通常使用有遮瑕和保養功能的 CC 霜，等於上妝的同時也在進行保養！CC 霜和 BB 霜的差別在於「校正膚色」，而且 CC 霜比 BB 霜更輕薄透明，長時間下來也不須擔心脫妝。即使流汗也不會有粉痕產生喔！如果妳的膚質狀況本來就好，塗抹完 CC 霜直接撲上蜜粉定妝就可以輕鬆出門囉！女生每天的膚況其實都有變化，有時候冒了一顆痘、有時候睡不好黑眼圈超重、有時候大姨媽來臉色超差……底妝產品也要跟著肌膚狀況調整，才能讓妝感完美無瑕。

韓流光感女神肌底妝

具有光澤卻沒有厚重妝感的韓流光感女神底妝，會讓妳的臉蛋看起來彈潤飽滿、肌膚滑嫩無瑕疵，好像隨時都有燈光照射般，散發著閃耀的透明光澤。想畫出這款底妝，最重要的就是得挑選適合自己肌膚狀況的底妝產品。

1 由於上班族女性待在有空調的環境時間較長,若要讓妝容有滋潤光澤的亮度,可以將玻尿酸之類的保濕精華液,或美容護膚油擠數滴與粉底液混合。這樣呈現的妝感會比單上粉底液更加亮澤清透,肌膚的保水度也更好,完妝後的臉龐自然會變得膨彈 Q 嫩又有光采。

2 想要遮住突然冒出的痘痘時,先上薄透粉底後,再於痘痘部位作重點遮瑕。記得,要在遮瑕痘痘處特別推開與肌膚融合才會自然。如果粉底質地亮粉或珠光太多,容易膨脹痘痘的突起形狀,最好挑選粉霧質地的產品。

3 如果有黑眼圈問題,一樣先上薄透霧面質地粉底,再將遮瑕產品用點壓的方式按在眼部肌膚上,最後再以珠光蜜粉輕拍或輕刷在鼻梁、下顎、眼眶外側,還有容易出油的地方,讓妝感看起來自然不厚重。

超自然僞素顏底妝

　　和帶有光澤感的底妝不太一樣，韓妞另一種主流底妝強調的是「看起來像沒化妝，皮膚卻好得很」的妝感，崔小咪個人也很喜歡這樣的底妝。更何況，現在除了韓妞大大熱愛之外，很多時尚大秀上的名模妝也都走這種低調底妝路線，是喜歡流行時尚的妞們不能不學會的彩妝趨勢！

　　想要畫好「偽素顏底妝」，重點就是要善加利用妝前飾底乳，只單靠粉底的話，多少還是會顯得妝感為重，營造不出完美的清透感。所以，最好的方法就是：在上妝前記得把整套從清潔、控油、保濕的基礎保養都徹底完成，讓肌膚本質在最佳狀態後，以飾底乳來修飾、打亮膚色，盡量挑選質地偏水潤的乳液狀飾底產品，上粉後的服貼度超自然，彷彿素顏一樣。

　　另外，讓妳看起來好氣色的祕訣，就是飾底乳的選色技巧：珠光質感的飾底乳，可以讓肌膚看來健康有光澤，單獨局部使用還可以打亮五官輪廓，讓臉型更加立體，而且不挑膚色都能使用，所以一定要將它列在採購清單中。

　　藍紫色調的飾底乳，可以改善校正黯沉偏黃的膚色；而粉色飾底乳能帶來好氣色，讓膚色過白或氣色不好的女生看起來有紅潤健康的感覺；黃綠色飾底乳則是能夠修飾泛紅肌膚。掌握了這些訣竅，把最根本的「臉色」搞定，最受男神歡迎的「偽素顏底妝」也就大功告成了！

1 以飾底乳來修飾、打亮膚色，盡量挑選質地偏水潤的乳液狀飾底產品，上粉後的服貼度超自然，彷彿素顏一樣。

2 用指腹將飾底乳推勻，記得 3CE 珠光質地的就只要打亮臉部中央的地方，這樣才會有立體感。

3 用遮瑕刷沾取遮瑕膏，做局部遮瑕，專業型的可以遮瑕刷和遮瑕膏分開購買，像是 YSL 的明采筆就可以，但是顏色記得要去櫃上親自挑選適合自己的。

4 黑眼圈底下的色素適合用偏紅的遮瑕膏修飾。

5 遮瑕完局部重點部分後，用透明蜜粉在容
  易出油的地方按壓，這樣有定妝的效果。

6 最後用保濕噴霧，距離臉 30 公分以上的
  距離，幫肌膚補充水分，只要輕噴一次，
不要讓水在臉上流下來，噴霧的水分子會非常
細緻，噴完之後再按壓臉龐，就能完成充滿自
然光澤的偽素顏底妝。

韓星光澤感底妝

這款彩妝是經由韓國彩妝師親自傳授，我才知道韓國女星發光肌的底妝小技巧。這樣的底妝適合平常膚質就不錯的人，尤其是乾性肌膚。若是像我一樣屬於兩頰乾的肌膚，上完這樣的妝會有意想不到的水感喔！

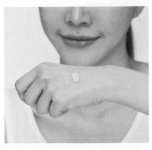

1 全臉先擦 BELIF 的含生草保濕前導精華，或是其他的妝前打底保養，這樣的作用是先將上妝前的肌膚達到最佳的保水度，讓等會兒要上的底妝更薄透服貼。隔離霜也要選擇保水度高的，我個人很喜歡理膚寶水的隔離霜，係數高而且保濕度佳。

2 將 GIORGIO ARMANI Meastro 極緻絲柔粉底精華 SPF15 塗在臉上，我都暱稱它是「膚色精華液」。

3 接著，用濕海綿將它在全臉推開。

4 在笑起來會突起的蘋果肌位置，沾蘭芝氣墊粉霜輕輕點綴一些光澤感，這可是在韓國彩妝師身上學到的小技巧。最後在容易出油的鼻頭、下巴撲上蜜粉（跳過兩頰）。

5 用保濕噴霧，距離臉部30 公分以上的距離，幫肌膚補充水分，只要輕噴一次，不要讓水在臉上流下。噴霧的水分子非常細緻，噴完之後再按壓臉龐。

6 用霜狀的腮紅霜或液狀腮紅，用手指沾取腮紅霜。粉橘色系的腮紅適合不同膚色的需求，顏色會很自然。

7 輕輕按壓肌膚，製造出由內而外的自然紅潤感，腮紅霜的使用則是可以維持臉頰的光澤感。

最上鏡的
韓星精緻立體底妝

在韓國時裝週上，崔小咪有機會和韓星近距離接觸，可以看出她們的底妝和我們平常畫
得不太一樣；在螢光前面的底妝，需要更重視陰影以及立體感，上鏡時臉才會更小更好看。

1 塗完隔離霜之後，先擦上 Laura Mercier 喚顏凝露，讓肌膚保持水感。要讓底妝持久服貼，妝前打底真的非常重要，每個人也可以依照肌膚狀況，去選擇控油型還是滋潤型的妝前打底保養。

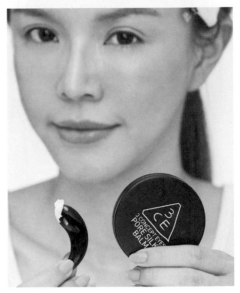

2 在臉型的金三角位置，使用 3CE 的毛孔隱形霜，可以讓等等的底妝更細緻，在鏡頭前也看不到毛孔。

3 全臉使用 Chantecaille 香緹卡未來肌膚粉底，這款粉底用量不需要多，以扁平的粉底刷，沾取粉底上妝。

4 再用比原來肌膚偏白一號的 BOBBI BROWN 粉妝條塗抹額頭，記住只要塗在額頭中間的位置，不要靠近髮際線。

5 在鼻梁的部分也塗上色號白皙的粉妝條，從眼頭以下的位置開始打亮。

6 如果下巴比較短的人，也建議在下巴的中央塗上。

7 臉頰外側，使用CINEMA SECRETS遮瑕盤最深色，沿著髮際線輪廓，用遮瑕刷刷上。

8 使用深色粉底沿著額頭外側上。

9 鼻翼外側等需要修飾的地方,也用遮瑕筆沾取深色粉底,記得線條越細越好。

10 全臉用濕海綿推開,一邊輕輕拍打讓所有底妝融合。

11 將底妝的立體感做出後,最後用透明蜜粉定妝。

MISSHA 完美底妝粉底刷

這款粉底刷是手工製,由於是斜角設計,可以使用最少的粉底液,讓妝感薄透。

永和三美人化妝海綿

可以針對大範圍的地方上粉底,使用重複性高,價格平價,適合初學者購買。

MAC 眼影刷

MAC 的刷具非常齊全,光是眼影的畫法就需要用不同的刷具完成。我最常用的眼影刷就是這個品牌。

Bobbi Brown 旅行刷具組

小包裝裡面附有簡單的眼影、眼線、腮紅等刷具,適合初學者使用在最基礎的平日彩妝上。有了這些刷具會讓彩妝化起來更順手喔!

Bobbi Brown 專業眉刷

我使用這款眉刷好多年了。豬鬃毛的材質能夠畫出立體的眉型,只要沾取眼影粉就可以完成畫眉這個動作。常換髮色的話也不需要一直換眉筆的顏色,光靠這支眉刷及眼影就夠了。

SK-II COLOR 上質光晶透柔潤保養隔離霜

具有 CC 霜加上隔離霜功能的產品,潤色、保養、防曬一瓶搞定!質地清爽沒有黏膩感,夏天使用也沒問題。

Laura Mercier 喚顏凝露

妝前的最佳打底產品,可以讓肌膚瞬間飽滿水分,讓底妝更服貼。它有不同肌膚適用的系列,我個人偏愛保濕型,因為冬天、夏天都可以使用,讓底妝更完美。

JILL STUART 恆采修色粧前乳

這款妝前乳質地像是保濕乳液般清透且潤色,也容易推開,可以讓膚色自然提亮,打造裸妝感。

VICHY 薇姿清透保濕礦物 BB 霜

擁有不錯的保濕、遮瑕力,使用後可以發現氣色明顯提亮,並帶有紅潤感。由於很好推勻,可使之後的頰彩產品更容易上色。

LANCÔME 超抗痕雙層粉底精華

含有獨家專利的保養成分,可以達到高度遮瑕且妝效輕薄的功能,打亮臉部的黯沉,提升光澤度。

LANCÔME24h 持久奇蹟嫩粉底

由於台灣的夏天悶熱又潮濕，再完美的妝容也常會被大量汗水帶走，這款粉底液輕盈薄透，可以提升肌膚的整體亮度，打造出無瑕膚色。

GIORGIO ARMANI Maestro 極緞絲柔粉底精華 SPF15

具有保養與修飾膚色的效果，質地細緻，有著淡雅香氣。無論是輕透感、保濕度、服貼度都令我滿意。

Chantecaille 香緹卡未來肌膚粉底

內含獨特光反射因子，質地濃稠如乳霜，能均勻地分布於肌膚，使上完妝的皮膚看起來平滑無瑕。

IOPE 水潤光感舒芙雷粉凝乳

這款商品是連韓妞都推薦的好物，幾乎是每個韓國女孩的化妝包中必備的底妝產品。使用的時候只要輕壓邊緣，就有透明的粉霜跑出來，對於講求實用性和快速上妝的人來說，十分便利。擦在臉上的感覺薄透，且呈現出水嫩感，讓妝容就像韓劇女主角一樣自然有光澤。

雪花秀雪膚花容完美絲絨氣墊粉霜

保濕度、遮瑕度高，具有韓方保養成分，使用後肌膚光澤度大增，是許多韓妞愛用的產品。

Miss HANA 水感控色 CC 霜

包裝走公主風，含有淡淡的玫瑰香，質地非常水潤、好推勻。使用後可使膚色變亮，黑眼圈也會變淡，營造素顏感。

Miss HANA 立體光感粉餅

結合二用粉餅和定妝蜜粉的功效，遮瑕力佳，算是平價粉餅中粉質細、效果好的產品。我用的是 11 號粉嫩裸色，適合白皙的肌膚。

BOBBI BROWN 無油平衡遮瑕筆

裡面含有消炎的成分，用它來遮瑕臉上的痘痘，紅腫也會得到舒緩。這款遮瑕筆我使用的是 2 號色。

YSL 超模聚焦明采筆

除了遮瑕功用，也有打亮和修容的功用，打造出立體的光感效果。使用時，可以交互使用兩種色號。如果希望唇部輪廓更加明顯，可以使用在嘴唇周圍或是運用在眼妝打底，讓眼彩更好上色。

PART 2
電力百分百的
超殺眼妝

崔小咪最重視的臉部彩妝就是眼妝。我觀察到，韓國女生的眼妝非常強調眼線的畫法。眼影的部分，反倒不像日系彩妝講究層層堆疊的多色暈染。如果真要強調眼彩，也是將亮色系的眼彩以線條呈現。這種俐落的完妝方式，很適合忙碌的現代女性。

以往畫眼妝時，我都是先畫眉毛，接著畫眼妝。但是韓國彩妝師建議我，先畫完眼妝，再畫眉毛，比較能夠控制整體彩妝的完美度。因為要改眉妝很容易，要改眼妝卻很難。我自己嘗試過也覺得這很有道理喔！

除非是眉毛稀疏的女生會特別在意，否則眉妝常常在化妝步驟中被漏掉，眉毛能左右整體妝感，甚至影響整個人呈現出來的氣質。要讓眼睛有放大的效果，眉毛也是非常需要注意的部分。我發現，粗眉可以讓眼睛輪廓看起來更明顯。難怪韓妞都追求平直粗眉。我的眉毛雖然是韓系3D繡眉，但一樣可以藉由彩妝營造出自然的平直粗眉。

溫婉氣質的平眉妝

　　看起來無辜的平眉，從韓國一路風靡到亞洲各地，是現在最盛行的眉妝。比起那種有角度、充滿氣勢的挑眉，平眉因為能讓眼神變得更溫柔，給人鄰家女孩好親近的感覺，更適合不喜歡妝感太張揚的台灣女孩。

　　要畫出溫婉氣質的平眉妝，不是把眉毛畫直、畫粗就好，而是要先修好眉型，才能把平眉畫得乾淨又好看。先把有角度的眉峰修掉，大約和眉頭差不多高度就可以。如果眉毛太長也要修剪，眉毛長度太長很容易畫起來過濃，會像蠟筆小新喔！

　　市面上有許多好用的畫眉利器，可以幫助大家畫出適合自己的自然眉型。如果不知道如何修眉的人，崔小咪這邊有小技巧可以分享給大家，就是隨身帶著自己的修眉刀，只要去百貨公司買彩妝或是保養品的時候，請彩妝師幫忙修眉，之後只要順著那個形狀修整就好了。

1 畫平眉妝之前，先將多餘的雜毛修除，可以去買安全眉刀自己修眉。

2 平眉修眉的重點，將眉頭和眉峰盡量調整到差不多的高度，但如果天生眉型比較挑眉的人，只要稍微下修眉峰就好。用螺旋狀眉刷刷眉毛，用剪刀剪去多餘長度的眉毛。

3 用眉筆先描繪眉型，從眉峰到眉頭畫成等粗線條，讓眉頭順順畫平至眉尾。

4 畫完形狀之後，再用眉粉塗抹眉毛（先從淺咖啡色開始），填補眉毛空隙，讓眉毛的顏色更自然。這個動作也可以用眉筆完成，只是眉筆的線條會比眉粉剛硬分明，建議彩妝初學者還是使用眉粉描繪出自然的眉型。

5 畫完之後,可以使用染眉膏調整眉色。基本上,染眉膏顏色要選擇比自己髮色淺的色號,染起來才會剛剛好。例如:黑髮適用深咖啡色的染眉膏。

—— 好物推薦 ——

K- Palette Real Lasting Eyebrow 刺青眉筆
最大特色就像它的產品名稱一樣,如刺青般的持久力,不脫妝、不暈染,粗細剛好。具有防水快乾的功能。

媚比琳雙效眉粉筆
在開價式專櫃就可以買到的二用眉筆,一邊是可以勾勒出形狀的眉筆,另一頭是眉粉,針對不同眉型,都可以得心應手。

百變眼神關鍵
的眼線妝

眼線應該是所有女生畫眼妝時最不可或缺的步驟。眼線的形狀可以改變眼妝的感覺，甚至主導整體的妝感。像崔小咪在韓國就看到很多韓妞臉上沒有多餘的彩妝，全倚賴眼線來撐住妝容。

並非每個人天生就擁有完美眼型，而透過眼線可以改善眼型的缺點。很多女生害怕畫眼線是因為下筆之後很難駕馭，常常畫出歪歪扭扭的線條，或是不知道自己的眼型適合哪一種眼線。

我建議初學者不妨挑選筆尖超細的眼線筆，對於要畫內眼線、勾眼尾或是描繪各種線條，都可以達到不斷水、不手震的效果。

另外，也推薦初學者使用棉刷，一開始手不穩時，容易畫出歪斜的眼線。但棉刷刷頭則能夠克服這點，不僅拿起來穩，畫出來的線條也非常直。至於毛刷則適合已經把畫眼線當作家常便飯的妞們，要畫出上揚的眼線或是變化形狀都很方便。我自己是兩款刷頭都有，棉刷用來畫隱形眼線，毛刷則勾勒眼尾。

眼線的形狀可以改變眼妝的感覺，甚至主導妝容的質感：甜美日系眼線細緻圓潤，畫眼線時我會自然地順著眼型拉長；而畫韓系的眼妝，就會勾起眼尾部分，甚至做全框式的眼線設計。

如果想要讓妝效更有氣勢、豔麗，可以再畫下眼線來強調眼神。下眼線要畫在眼睛下緣的黏膜內部。如果擔心眼線暈開，可以選擇防水的眼線膠。平常畫下眼線時，我只會畫在眼尾 1/3 處，除非遇到特殊需要才會填滿全部。大家可以依照自己想要呈現的濃淡妝感來畫下眼線。

1 沿著眼型描繪眼線。

2 初學者可以用點狀方式,點出眼線的線條,不需強迫自己畫出一直線。練習久了就會越來越上手。

3 眼尾下垂拉出約 2mm,下垂感的眼型會比較有甜美的感覺。

4 日系眼線完成。

1 上睫毛填滿空隙處。

2 畫至眼尾時要勾起來。

3 尾端上揚的性感眼線完成。

要看起來有氣勢就畫上下眼線
如果想要讓妝效更有氣勢、豔麗，可以再畫下眼線來強調眼神。

1 上眼線填滿睫毛空隙處。下眼線要畫在眼睛下緣的黏膜內部。如果擔心眼線容易暈開，可以選擇防水的眼線膠。

2 平常畫下眼線時，我只會畫在眼尾三分之一處。除非有特殊需要，才會整個填滿。大家可以依照自己想要呈現的濃淡妝感來畫下眼線。

國民女孩的
小清新眼線妝

即使不刷睫毛膏也要記得畫內眼線，才能讓妳的雙眼散發出動人的光采。清淡的裸妝加
上內眼線，看起來像沒上妝，但眼神氣勢一點也不輸人。既不會無神，也不會具威脅感，
小清新的內眼線就是這麼好用。

1 用刺青液狀眉筆勾勒眼頭，要一根根地畫，可以勾勒出擬真眉毛。

2 用染眉膏刷在眉毛上，以挑起的方式讓眉毛立體。記住，眼妝越淡，越要加重眉毛的戲分！

3 在眼窩大範圍刷上淡粉色眼影，不要有珠光。如果膚色較深或暗黃的人，在選擇粉色的時候可以選擇粉橘色。

4 下眼線也是要全部用粉色眼影畫到約 2～3mm，不要有界線感，而是自然地融入眼周的膚色。

5 用眼線筆畫上內眼線，填滿睫毛根部。

6 眼線刷具將剛剛睫毛根部的眼線稍微暈開，讓眼神變得柔和。

7 下內眼線則使用白色眼線筆畫在眼瞼處。

8 使用透明梗貂毛款假睫毛，款式越自然越好。現在日本也是流行這種自然型假睫毛。

9 刷下睫毛，放大眼睛範圍。

10 用夾子將下睫毛夾成一撮一撮的，看起來會更濃密。

11 使用粉色腮紅膏，用指腹推出好氣色。

楚楚動人的
無辜眼線妝

韓劇女主角的眼睛在一眨一眨之間，散發出讓人無法抗拒的甜美電力，相信男生一定抗拒不了這種甜美無辜的眼神。如果想擁有這樣的甜美眼妝，可以運用眼線畫出圓圓大眼來達成目標。

1 使用眼線膠先填滿上睫
毛空隙處，眼線畫到尾
端的時候，眼睛平視，拉長約
2mm 眼線。

2 開始加粗眼線，在眼球
正上方的位置描繪出彎
月形的線條。

3 用眼線刷暈染睫毛空隙
處的眼線，讓眼線柔和
親切。

4 選擇中間比較長，兩側
比較短的假睫毛，透明
梗為佳。

5 下眼線用臥蠶筆，更能
呈現甜美晶亮的無辜圓
眼妝感。

韓系辣妹
性感貓眼妝

參加 PARTY 或參加晚宴等場合時，崔小咪推薦重口味的眼線妝感。以拉長眼線線條的方式，讓眼神變得帶有迷濛性感的野性眼妝，其實也很漂亮，女神般的氣勢馬上就會彰顯出來喔！

1 將銀灰色眼影刷在眼窩處，先用小支眼影刷將銀色眼影的主色上在雙眼皮處。如果是單眼皮，可以上寬度約 5mm 的眼影。

2 換一支乾淨的眼影刷，寬度約 1cm 扁平的眼影刷最佳。不需沾眼影，只將剛剛的銀色眼影界線暈開，讓眼皮上面有淡淡的銀色漸層。

3 同樣地，先將內眼線畫好，這樣較能營造出深邃的眼神。

4 當眼線畫到眼尾時，順勢地往外畫出約 3～5mm。

5 眼尾畫出尖尖的形狀，尾端線條是連接下眼緣的弧度。往前勾一下，然後用眼線膠填補空隙。

6 用珠光黑色眼影，連接剛剛的形狀，在眼窩上面畫出拋物線。

7 用乾淨的眼影刷，暈染眼窩。

8 眼線膠畫下眼線後面三分之一處，在眼尾的地方畫出三角形。

9 眼頭部分使用銀灰色眼影畫出霧狀下眼線。

10 夾翹睫毛，刷上睫毛膏。

11 眼尾用貂毛透明梗假睫毛，只加強眼尾的部分。

12 腮紅選擇健康色系的粉橘色系，斜刷在顴骨部位。

13 已經突顯眼妝的彩妝，唇妝記得要用比較淡的顏色。3CE 的透明粉橘色唇膏可以帶出透感且滋潤的唇色。（以上將銀灰色眼影換成咖啡金眼影，也是另一種感覺喔）

潮流時尚的螢光眼妝

如果妳的觀念還停留在眼線只有黑色的,就太落伍囉!今年流行運用彩色眼線來創造單一重點的妝感 LOOK,這也是韓系眼妝流行重點,推薦給穿著大膽、想要突破喜歡創新的妞們。底妝可以搭配比較霧面的質感,將彩妝的重點放在眼睛就好。

1 使用黑色眼線筆，先勾勒出比較韓系飆高的眼線。

2 使用亮橘防水眼線液，在黑色眼線上。

3 眼珠上面那一小段，畫得比較細一點，眼尾部分可以比較粗。

4 眼頭用亮色眼線液筆，勾出く的形狀，可以讓眼距變近，眼睛也會有放大的效果。

5 在眼窩塗上淡咖啡色的眼影，消除亮色系會帶來的泡泡感，並創造輪廓感。

6 刷睫毛，製造出一根根濃密的睫毛，藝人級的繽紛彩色眼妝就大功告成。

戀愛魔鏡獵愛眼神零失手眼線液筆

這款眼線筆曾在日本轟動一時,大受歡迎的原因就是它特殊的 W 刷頭設計,無論畫或細線條,都能輕鬆掌握,不需要準備兩支眼線液筆交互使用,非常方便。

結合細和扁平刷頭的貼心設計,好處是可以先用細平刷頭慢慢描繪,再慢慢地加粗,才不會讓眼線過於粗厚或是不小心失手,很適合化妝新手使用。而且,它在抗暈染方面功能十分強大,勾勒完線條後大概停個 5 秒,就可以睜開眼睛,線條乾淨,也不用害怕掉色。

媚比琳超激細抗暈眼線液

崔小咪是畫眼線容易暈開的人,這支完全沒問題,卸妝時也不會有刺青痕,0.1mm 的筆頭可以畫出很細很自然的眼線。

婕洛妮絲巴洛克濃魅極細眼線液筆

我非常滿意這支眼線液筆顏色的飽和度和持久度,還有讓眼睛放大的效果。刷頭分為棉刷和毛刷兩種,具防汗水功能,是夏天時候必備的眼線液筆。另外,它的蓋子部分是彈力雙蓋設計,不用擔心眼線液會流出來弄髒化妝包,而且筆芯是鋼珠設計,一筆到底,可以讓畫出來的顏色均勻漂亮。

KOJI Dolly Wink 眼線液

這款《POPTEEN》雜誌專屬模特兒益若翼與 KOJI 合作推出的眼線液包裝設計超可愛,它是自來水毛筆式筆頭設計,不需旋轉,非常方便。筆尖粗細適當,不暈染又好卸妝,而且價格十分合理。

Miss HANA 旋轉眼線膠筆

市面上許多眼線液筆頭都太軟，對化妝新手來說非常容易失手，一不小心就會讓眼線過於粗厚，不過使用眼線膠產品就可以解決這些問題囉！

我好愛這支旋轉式的眼線膠筆，筆芯質地滑順，不易斷裂。不僅顏色超級顯色，在抗暈染功能上也很厲害，妝效持久。

3CE 3CONCEPT EYES 防水抗暈濃密眼線膠

3CE 的防水抗暈濃密眼線膠不僅價格便宜，又有 6g 的大分量分量，甚至附贈筆刷，非常划算！它的顏色是正純黑色，沒有珠光，質地濕潤好畫，筆刷也很柔軟，勾勒出來的線條可細可粗，無論畫內外眼線都很好控制。

很多妞都會問我，膠水會不會對眼皮造成傷害、或是卸除時會有困難。其實它並不會刺激眼睛，只要用眼唇卸妝液輕輕濕敷後就可以卸掉了。

婕洛妮絲蕾絲網狀隱形雙眼皮貼

這個雙眼皮貼產品非常輕薄，對眼皮沒負擔。當我想讓雙眼皮更加明顯，或是水腫、大小眼的時候，就會使用它。除了自然不反光外，還附有輔助夾，以及透明速乾膠水。

PART 3
搞定睫毛，
就能讓眼神說話

如果問崔小咪，眼妝最重要的是哪個部分？我會大聲回答：「睫毛！」
睫毛的長度和濃密度可以左右眼睛是否炯炯有神。
我的睫毛不是濃密型，而是典型東方人的睫毛，既稀疏又軟塌，加上顏
色不夠黑，整體看起來稀疏。因為睫毛短就不明顯，每次素顏拍照時，
我都需要對焦好久，實在很羨慕那些天生睫毛又濃又長的妞們啊！
對崔小咪來說，如果只能帶一種眼部彩妝品出門，絕對是睫毛膏無誤！
擦上睫毛膏後的眼睛有放大和放電效果，魅力大增！

根根分明的
好感女孩睫毛術

以前畫眼妝時，為了讓睫毛看起來有假睫毛的纖長效果，都會重複刷十幾次睫毛膏，結果不僅讓睫毛承載過多纖維重量而變塌之外，還刷出了一大堆蟑螂腳，看起來妝濃又不乾淨。現在屏除過去的做法，想要營造睫毛濃密又纖長的效果，令雙眼瞬間深邃捲翹，只要調整刷睫毛膏的手法即可。

1 追求濃密效果，就要使用 Z 字型的刷法，手拿著睫毛膏左右、左右來回往上刷。

2 追求纖長效果，只要從睫毛根部往上拉提睫毛，刷上一層睫毛便會根根分明，乾淨纖長。如果想要得到雙重效果，兩種刷法交替刷用，纖長度、濃密度都會大幅提升，眼睛整體看起來更有精神。

3 如果想要睫毛效果更明顯，可以使用燙睫毛器把稍微結塊的睫毛燙開，就可以擁有根根分明又捲翹的睫毛了！

4 睫毛膏拿成直立式，這樣可以清楚地刷到下睫毛，讓下睫毛根根分明。

5 如果本身下睫毛不濃密的人，也可以用假睫毛輔助，和真的睫毛混在一起。

別抗拒！假睫毛是彩妝好物

　　眼妝的完成，到刷完睫毛膏即算結束。假睫毛算是進階作業，這是為了讓妝效更為明顯突出。雖然假睫毛是非常方便的美妝小物，但我發現大部分男生都不太喜歡戴假睫毛的濃妝效果。像是每次我戴假睫毛時，Ｈ就會一副手癢的樣子，想要把它撕掉！如果不小心選到地雷假睫毛，更無法在他們心中留下好印象，也無法營造美好的約會氛圍了。

　　如果妳還不清楚自己適合什麼類型的假睫毛，和心儀的男生約會時，建議先以刷睫毛膏的方式，讓眼睛明亮有神，才不會遇到約會約到一半，發生假睫毛突然脫落的尷尬情況。崔小咪最近也以接睫毛的方式來取代假睫毛，出門前少了刷睫毛膏的動作，上妝更快速。

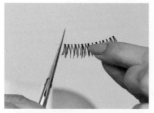

1 取用假睫毛的時候，要用小剪刀將兩端剪下，千萬不可以用拉扯的方式，以免假睫毛變形。取下之後，可以上下左右稍微扭動一下假睫毛，讓整體結構更柔軟之後，更能完美服貼眼型。

2 修剪假睫毛長度，睫毛比眼睛稍微長一點的話，可以放大眼型。

3 塗上睫毛膠。

4 接下來是修剪下睫毛，把眼頭那一撮黑黑的剪掉，變成二段剪開再貼會比較符合眼型，也不容易脫落。

5 在貼下睫毛的時候，連接上睫毛尾端的地方，形成一個反ㄑ字型。決定下睫毛眼尾那一段之後，前面那一段只要接著貼上就可以囉！

有些人習慣戴假睫毛的原因，是可以加快卸妝的速度。因為，戴好假睫毛後就不會再刷睫毛膏。如果妞們的睫毛是屬於又長又塌的類型，戴起假睫毛容易變成明顯兩層，最好不要偷懶省略睫毛膏和夾翹睫毛這兩道步驟喔！

好店推薦

賈思專業美睫

由於朋友的推薦，崔小咪找到這家令我滿意的賈思專業美睫。我的眼睛非常敏感，嘗試很多家後，發現這家是我最能夠接受的。我通常會接下睫毛 50 根（效果非常自然）還有上睫毛，這樣不會過濃，並能讓眼睛有神。大家也可以選擇自己可以接受的濃密度。
洽詢電話：02-2521-9363

好物推薦

LANCÔME 2013 超性感放電睫毛膏防水版（晶鑽版）

應該有不少妞們都有和崔小咪一樣的經驗，手上拿著睫毛膏，一不小心就刷到睫毛之外的部位。這支睫毛膏擁有輕巧版刷頭，不但能夠靈活刷上眼頭和眼尾，連很難刷成功的下睫毛，也可以營造出濃又翹的存在感喔！
它的刷頭設計是針對東方女性的眼型和大小所量身打造的濃翹雙面刷。除了防水之外，還有一個優點就是能反覆刷動，根根分明、根根濃翹，不會有糾結成塊的情形出現。

AK 假睫毛

AK 是我最喜歡的假睫毛牌子，AK 609 則是我的最愛，一戴上它馬上就會有無辜的娃娃妝容感產生，效果自然。AK 的特色是假睫毛部分非常細軟，梗的部分也不是死硬的材質，就算長時間戴著也很舒服。雖然單價比起其他牌子高出許多，但戴過之後就會明白什麼是「一分錢一分貨」！

HBC 假睫毛

HBC 雖然價格偏高，但品質良好，濃密度不錯，編織方式自然，梗也很柔軟。
清淡型和濃密型都有。崔小咪戴下睫毛時是選用 H17。

PART 4
令人想一親芳澤
的美顏腮紅

在學彩妝之前，崔小咪總覺得腮紅產品統統都一樣，畫法也只是拍上兩側臉頰而已。學習彩妝後，才知道只要略微調整腮紅的顏色，就能營造出不同的妝感，給人截然不同的印象。

在臉上沒有其他彩妝的情況下，腮紅膏或腮紅粉只要可以選擇其中一樣擦上即可。油性膚質推薦使用粉狀的腮紅；乾性膚質推薦使用膏狀的腮紅。一般腮紅的畫法，就是先用刷子輕輕點在臉頰，再輕輕按壓、推開，畫好腮紅之後，再用乾淨的蜜粉刷大面積的輕輕刷動，讓腮紅顏色和整個妝容融合。

上完底妝之後，先用帶有珠光的淡粉色腮紅打亮臉頰，可以讓臉色看起來比較好。腮紅也有修飾臉型的效果，讓臉部看起來比較小也更為立體。而帶有珠光感的金膚色腮紅，我會使用斜角式的畫法，會有比較成熟的風格，臉型也變得比較瘦長。

如果想要呈現曬傷妝的感覺，可以連鼻子部位一起帶到喔！甜美的日系妝容，則必須搭配娃娃般的可愛圓形腮紅。這時，腮紅的範圍只要點在黑眼珠下方、臉頰的正中央，再以圓形的方式將腮紅推開，範圍不超過蘋果肌（微笑時鼓起的兩側臉頰），也不要太超出側邊的範圍，將腮紅集中在正面的臉頰中心即可，這樣就能讓臉蛋看起來小巧精緻了。

初學者的定番腮紅

混合了一點橘色和粉色的中間色（我稱為蜜桃色），不管是膚色深或淺的人都很適合，臉蛋畫起來就像水蜜桃一樣，綻放出自然的紅暈。

膚色較深的人，適合帶有一些珠光感的金膚色腮紅。通常東方人的膚色會比較深、偏暖色系，運用橘金色系的眼妝和腮紅來襯托膚色，會讓妝感更美；膚色白的人就沒有限制，淡粉色最能呈現自然紅暈的效果。

粉嫩棉花糖腮紅畫法

1 上底妝時就先用 3CE 隱形毛孔霜打底臉頰。

2 全臉上蜜粉，讓肌膚有粉嫩、無毛孔的感覺。

3 用圓形的刷子輕輕點在眼睛下方與臉頰正中央。

4 用打圓的方式，往耳朵的方向水平移動。水平方向的腮紅畫法，會給人感覺親和力大增。

5 再用乾淨的蜜粉刷大面積地輕輕刷動，讓腮紅顏色和整個妝容融合。

好物推薦

Little Devil 小惡魔很有精神腮紅（朝氣粉）

這款腮紅顯色度非常好，而且適用於任何膚色。腮紅粉質裡帶有細緻珠光，能夠襯托膚色，產生自然紅潤的感覺。而且是 11g 的大分量，用上一整年都不成問題。另外，裡面也附有鏡子，補妝非常方便。朝氣粉是偏紫的冷色調純粉色，完全不帶橘，讓肌膚更顯白皙。

3CE CREAM BLUSHER 頰彩乳 粉 & 橘

好推、容易上色，讓臉頰散發自然紅潤的好氣色。

NH 幻妍雙彩腮紅盤

一邊是腮紅膏，一邊是腮紅粉，CP 值高，價錢也很親民。

PART 5
忍不住想吻上的
豐潤美唇

不能否認，韓國女星引領的彩妝熱潮影響力真的很大，她們以清淡裸妝為基礎，搭配亮眼的眼妝和唇妝，其中又以唇妝最容易改變彩妝風格、營造時尚感。鮮豔飽和的紅唇、漸層妝感的咬唇妝、霧面花漾唇妝、不勾邊的暈染漸層妝，都能讓雙唇更具魅力，而且有時隨興運用手指就能畫出來。

想要擁有與韓妞一樣的美麗唇妝，必須掌握以下三大重點：

重點 1 ▶ 絕對零唇紋

打造有如韓劇女主角般的迷人雙唇，唇部首先絕對不能有脫皮、唇紋或是乾裂的狀況。崔小咪是唇紋比較深的人，所以很少擦唇膏，後來我發現只要選對產品，一樣可以呈現水潤透亮的感覺。

重點 2 ▶ 妝效持久

別忽略唇妝也需要打底的程序，先輕輕抹上些許淡化唇色的粉底，讓接下來的唇彩更顯色、飽和。如果擔心脫妝掉色等問題，可以在塗抹後用衛生紙抿掉殘留底色，接著再塗抹一層唇彩。這樣就算有脫色，也不會有色彩落差太大的問題，再來就是盡量挑選持色度久的唇彩產品。

重點 3 ▶ 完美唇色

使用亮澤、柔霧兩種不同質地的唇膏，打造在每種光線下都能完美呈現的唇色。至於哪種唇色才適合呢？不妨參考看看以下建議：

❶ 紅色：鮮豔的唇色可襯托出白皙的皮膚，讓肌膚不會產生蠟黃感，也顯得有精神。

❷ 橘色：很適合膚色健康的人，流露出俏皮活潑的感覺。

❸ 裸粉色：氣質百搭的色調，適合每天上班使用。

❹ 亮粉色：這是崔小咪平時的愛用顏色，可以營造出性感的氛圍，或是薄薄擦上一層突顯好氣色。

最夯韓妞人氣咬唇妝

咬唇妝的重點是不將唇膏塗滿嘴唇，而是先在唇部中央塗上唇膏後，再用棉花棒或指腹暈染至唇周。

1 唇部先用霜狀的粉底產品,蓋掉嘴唇原有的唇色,但注意不需蓋得太厚,只要薄薄擦上一層即可。

2 從嘴唇內部用輕點的方式,由內而外輕點上液狀唇露。

3 用手指推開,讓顏色像是從裡面暈染開來。

最IN雙色嫩唇妝

崔小咪發現，今年春夏韓國彩妝師都開始嘗試一種新唇妝：深＋淺的雙色設計唇妝，成為下一波唇妝主流趨勢。現在已經有不少韓系彩妝都推出雙色口紅，無論是混在一起或單獨撞色使用，都很有新鮮感喔！

1 在上唇塗抹較深的主色。

2 下唇以內深外淺的方式塗擦。

3 將雙色唇膏橫放混合塗抹，讓混色的自然光透感，呈現出明亮飽和又自然的雙色唇妝。

女神巨星風采紅唇妝

紅唇妝給人比較強烈的視覺印象,許多韓國的人氣女星,像是全智賢、尹恩惠、朴信惠等……在螢光幕上展現了巨星等級的紅唇妝,讓人產生想要一親芳澤的衝動!

1 先用底妝產品，修飾唇邊的形狀，蓋到唇部無妨。

2 將護唇膏厚厚地塗抹在雙唇上打底。

3 使用唇刷，接著塗抹上紅色唇彩。用唇刷可以更完美勾勒出精準的線條。

4 唇峰較尖有時尚感。

5 用手指把多餘的紅色唇膏去除，這樣的動作可以避免牙齒沾上唇膏。

6 用面紙按壓雙唇。

7 從唇部中間再上一次紅色唇膏，這樣的雙重做法可以讓紅唇妝更持久。

Hestia nails 赫司緹雅國際時尚美甲

因為常需要拍照的關係，指甲就像崔小咪身上的配件一樣，若是沒有五顏六色的指甲彩繪，就會覺得全身不自在（笑）！從認識赫司提雅開始，就開啟了我的美甲之路，大概每隔一個半月就會去店裡報到。他們的美甲師不僅能達到我的手繪要求，指彩上的寶石也非常特別，大概每次可以撐到一個半月左右，讓我隨時都能保持美甲的亮麗感。

洽詢電話：（02）2771-1560

粉絲團：www.facebook.com/hestianails

好物推薦

3CE LIP PIGMENT 超顯色唇彩蜜

3CE 品牌給我的第一印象是大膽「玩」色！這款唇蜜的各色質地不一，即便使用前先搖勻，還是經常發生擠出來後產生類似油水分離的現象，其實這樣的設計是有道理的，避免上色時推不開而產生色塊。

使用分量約為一粒米的大小，少少分量就非常顯色，霧面質感很適合派對使用，顯色度超高，也能遮蓋住唇色。

CLIO 珂莉奧微熱之吻霧感唇膏

CLIO 的唇彩系列持久度很不錯，號稱是「唇部的指甲油」。吃東西、喝飲料後只需要稍微補一下即可。實際擦上的顏色和瓶身顏色非常接近，而且能遮蓋原本唇色；如果不喜歡太顯色，只要點個兩、三下就可以擦滿整個唇部，用量非常省。

如果和我一樣想追求水嫩感，可以等顏色乾了之後再塗上護唇膏。

TRAMY TO BE 三用玩色情人美啵蜜（共 4 色）

崔小咪和廠商共同研發的雙頭唇彩，一邊是唇彩，同時可以當作液狀腮紅使用；另一邊則是有透明感的亮面唇蜜，擦完後有亮亮和保濕的感覺。

ETUDE HOUSE 好親香唇部角質磨砂霜

可以溫和地去角質，讓唇部保持水水的 Q 潤感。

蘭芝 LANEIGE 超放電絲絨雙色唇膏

共 10 色，非常特別的長方形唇膏，一支裡面有兩種顏色，塗上的同時也同時擦了兩種唇色，顏色非常顯色而且滋潤，可以快速畫出韓妞雙色唇的唇膏。

PART 6
妳也可以畫出韓流女神的零失敗彩妝

每次看韓劇時，除了注意劇情發展，崔小咪也很喜歡觀察韓妞臉上的彩妝和服裝搭配，真的很想知道女主角們到底用了哪些彩妝品，讓妝感自然卻又變化萬千。接下來就為妞們示範幾位人氣韓國女星的仿妝，究竟她們是如何打造出風靡全亞洲的彩妝！就算是彩妝初學者也非常容易上手喔。

鄭秀晶清新女神妝

韓國知名女歌手鄭秀晶（Krystal），在韓劇《對我而言可愛的她》中的妝容無敵可愛，淡淡的裸妝感展現了肌膚的質感，彩妝重點放在唇妝上面，這樣的彩妝方式非常適合平常上班或是上課的妝容。

1 用防水眼線液，畫出內眼線，眼尾記得往下拉出眼型 3mm。

2 用睫毛夾夾翹睫毛之後，用睫毛膏刷出根根分明的睫毛，不需要刷到下睫毛。

3 使用臥蠶筆，讓充滿電力的臥蠶更明顯。

4 用腮紅刷，以臉頰中間為主，往太陽穴方向斜刷腮紅，可拉長臉型。

5 將唇膏塗在雙唇中間，不要靠近嘴角，塗完之後用指腹將剛剛的唇色暈到整個嘴唇。

6 在雙唇中間塗上同色系透明感唇蜜，讓唇型飽滿。但記得不要塗滿整個嘴唇唷！

Point ▶ Krystal 的妝容強調清新可愛的自然美肌。不僅完妝速度快，也能輕鬆營造親和感，提升好感度，是適合上班族或是學生族群的妝容。

IU 自然系
美少女甜美妝

IU 是一位可愛又很有實力的歌手，1993 年出生的她，在南韓擁有「國民妹妹」的綽號。除了唱歌外，她也跨足戲劇。在韓劇《Dream High》中飾演一個很會唱歌的肉肉女生，為了自己所愛，努力轉變得更漂亮。在和金秀賢、孔曉振共演的《製作人》中，她的表現也備受注目！

1 先描繪出自然的眉型，一般甜美的彩妝都是走這樣的眉型。

2 在眼窩上刷上淡咖啡色的眼影，不要選有珠光的，這個步驟在於先製造眼窩的立體感。

3 將淡咖啡色刷在眼睛下方，大概寬度約5mm。

4 雙眼皮處使用玫瑰金珠光色系。如果是單眼皮，寬度約15mm左右。

5 玫瑰金珠光眼影畫到下眼線靠近眼尾1/3處，畫出霧面的眼尾線條。

6 將睫毛夾翹，刷上打底睫毛膏。在笑起來的顴骨上，塗上具有光澤感的腮紅膏。

7 輕輕推開，範圍不能超過髮際線和顴骨外側。

8 用霧面淡粉色唇線筆打底，唇色更持久。

9 在嘴唇內側塗上同色系略深的唇膏（以保濕度高為主，但不要有油亮感），然後輕輕用指腹推開即可。

Point ▶ IU妝容的重點在於圓潤可愛的蘋果肌、俐落的一字平眉、眼妝強調上下眼線和臥蠶，頰彩和唇彩的顏色自然，以粉色系為主。

狂放酷勁CL的
冶豔魅力

韓國女子團體 2NE1 的隊長 CL，個人色彩強烈的風格十分搶眼，兼具性感與酷勁。

1 眉型先用眉筆打底，加強眉峰，畫出具有氣勢的眉毛。

2 使用染眉膏改變眉色。

3 沾取眼影霜大範圍塗上眼窩。可以讓之後的眼影更顯色。

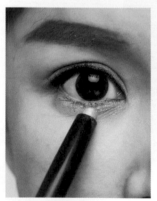

4 連眼頭都要塗上眼影霜。

5 塗上眼影，大概 5mm 的寬度。

6 沾取眼影畫下眼影，寬度也約 5mm 左右。

7 眼睛正視前方，找出眼窩的位置。

8 掃上深色眼影，一邊暈染出自然的陰影。

9 連下眼影1/3都要塗到。

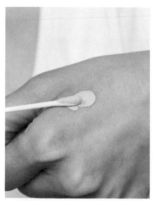

10 上完深色眼影之後，常常會有一些餘粉掉在臉上，這時用棉花棒沾取一些粉底輕輕擦拭，就能擦掉臉上的髒汙。

11 沾取眼線膠，填滿睫毛根部。

12 接著用眼線膠，一邊加粗眼線，一邊描繪出上揚的粗眼線外框。

13 用眼線膠填滿剛才的外框。

14 眼頭的部分要換成眼線筆於眼頭處畫出「く」的形狀。

15 下眼線也使用眼線筆畫眼線。

16 準備兩款假睫毛，黏成一副。

17 先夾翹本身的睫毛，然後用夾子戴上假睫毛。

18 調整假睫毛，並刷上睫毛膏，與真睫毛結合

19 畫上腮紅

20 打鼻影。

21 打亮鼻梁、額頭與下巴。

22 嘴唇用膚色唇線筆打底。

23 用手指將珠光眼影點在唇部的中央。

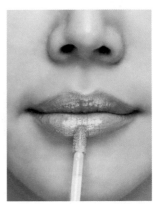

24 上透明唇蜜於嘴唇中間。

孫淡妃的健康性感

能歌能舞的孫淡妃，五官立體、膚色健康，形象也相當性感。

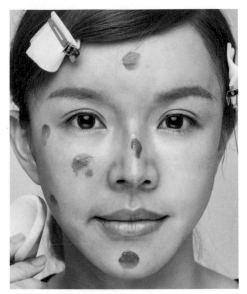

1 全臉上完深色底妝產品後，沿著髮際線輪廓將深色粉底（MAKEUP FOEVER 巧克力色粉底）推勻。調深膚色的同時，也不要忘記五官的立體感。

2 深色粉底淺 2 或 3 號遮瑕膏遮瑕眼部黑眼圈，及打亮 T 字鼻梁下方以打造五官立體感。

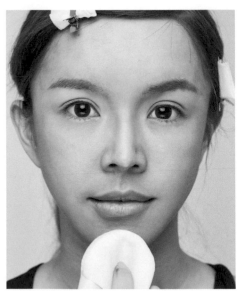

3 用和眼部遮瑕色同樣的蜜粉上鼻子、下巴。

4 深色粉上側臉。

5 CLIO 臥蠶筆打亮眼皮。

6 用眼線膠畫出圓形眼線。

7 用珠光深棕色眼影以眼影刷加深眼窩顏色。

8 使用睫毛夾將睫毛夾翹。

9 戴上假睫毛。

10 假睫毛上方再補一條細眼線。

11 上下睫毛。

12 用深灰色的眉筆描繪粗眉。粗眉也可以讓五官更加立體。

13 為讓深色的肌膚更有健康光澤感，使用DOLCE&GABBANA金幣人像古銅打亮盤來營造膚質光澤度與立體度。

14 用唇筆畫出圓潤的唇型。

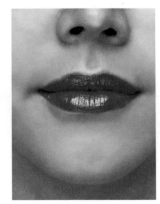

15 唇妝完成。

Chapter Ⅱ
崔咪愛保養

我們的肌膚在 25 歲之後就會從高峰開始走下坡，所以抗老的工作越早開始準備越好。如果錯過了黃金時期才開始進行保養，就必須花費更多金錢和體力，也不一定可以得到百分百的效果。

愛美的崔小咪，從國中時期就開始注意美容保養的問題。當時買了很多美妝雜誌勤作功課，並且研究各種產品，後來在部落格分享自己的美妝心得，更是如魚得水！能夠將自己知道的美妝資訊、流行穿搭、旅遊經驗介紹給大家，是我最開心的事情。

以前在專櫃擔任彩妝師時，我最喜歡看到女孩們畫上美美的妝後帶著笑容離開的模樣，讓崔小咪超有成就感！但我發現，**即使是再漂亮無瑕的彩妝，都需要有良好的膚質做為基底才行**，所以肌膚保養的工作十分重要，一定要好好照顧自己的皮膚喔！就算平時工作忙碌，也不可以把它當作讓自己偷懶鬆懈的藉口，只要多花一些時間就可以維持美麗。

常常，有很多人在臉書上私訊詢問崔小咪：「請問哪一家的保養品好用？和另外一家的產品比較起來如何呢？」面對這樣的提問，有時真的不知道該怎麼回答才好。我認為，自己才是肌膚的醫生，一定要先了解自己的膚質，找出問題所在，才有辦法對症下藥。

我本身的膚質屬於混合性肌膚、敏感偏乾，會長小粉刺、偶爾也會長痘痘，膚色算白，平常保養的程序是：化妝水、精華液、眼霜、保濕乳液或乳霜。基本上，

我的保養品是分季節使用的，建議大家不要一年四季都用同樣的保養品喔！

有時候我會跳過化妝水的步驟而直接擦精華液，精華液是我在保養程序中最重視的一環。光是精華液，崔小咪就有好多罐不同功能的產品。大家可以針對肌膚缺點，選擇適合自己膚質的精華液，像是：肌膚鬆弛就擦有緊實功效的精華液、在意膚色就擦有美白功效的精華液。

接下來，就是針對相當惱人、令人在意的眼周部位加強局部保養。眼霜是我每天保養裡面必備的程序。**眼周肌膚比其他肌膚更容易產生細紋，還有老化問題，因此從眼部就可以看出肌膚的年輕程度（驚）。**尤其現在大家都會戴隱形眼鏡，或長時間看電腦、手機，無形中都會造成眼周更快速地衰老。我也會分季節來使用眼霜。夏天用敏感肌專用的眼霜，而冬天就會用比較滋潤型的。對於眼周肌膚一定要小心呵護。

最後的乳霜程序也很重要，它能將所有保養成分鎖進肌膚，更有效地吸收。如果是夏天，或是前往比較炎熱的地方，我會改用無油凝露。

或許大家會覺得崔小咪的皮膚還不錯，但其實也是經過層層關卡、細心保養才能維持，相信經過一番努力後，妳也能擁有好膚質！

事實上，崔小咪對於追求美麗的終極目標，是當個不老妖精（笑）。希望肌膚能夠永遠保持在年輕狀態，臉上找不到任何歲月留下的痕跡。所以，還未邁入熟女階段的時候，我就已經開始在用可抗老、抗皺、拉提效果的保養品了，但會選擇質地比較清爽的產品。怕長肉芽的人不必擔心，現在許多緊緻產品都擁有容易吸收的清爽成分。

我們的肌膚在 25 歲之後就會從高峰開始走下坡，所以抗老的工作越早開始準備越好。如果錯過了黃金時期才開始進行保養，就必須花費更多金錢和體力，也不一定可以得到百分百的效果。使用抗老產品，也許不會在短時間內看到成效，但相信我，一、兩年後之後，和平常很少做保養的人做比較，妳會發現，外貌相差非常多！

童顏肌膚的祕訣——「加強補水」！

　　很多人因為臉部容易出油，洗完臉之後就完全不擦任何保養品，但這樣的結果反而導致肌膚更加缺水。皮膚感應到缺水訊號後，就會分泌出更多油脂，反而讓出油情況更加嚴重，變成「外油內乾」油水不平衡的狀態，這樣的惡性循環往往是很多油性肌膚的問題由來。

　　崔小咪認為，所有的保養程序當中，保濕是非常重要的，許多關於肌膚的問題都是出在沒有做好基本的保濕動作，或是使用的保濕產品無法深入到肌膚底層，只能達到表面的保濕假象所造成。

　　要如何知道自己的肌膚保水程度呢？妳可以在亮光下用鏡子檢視，如果發現臉上有多條橫紋，就表示肌膚在向妳發出求救訊號啦！

　　如果妳屬於外油內乾的肌膚類型，崔小咪建議一定要先解決「乾」的問題，讓肌膚保水度回復正常後，再進行控油、美白、抗老……等其他保養功課。肌膚外油內乾的人，不建議使用痘痘專用的保養品。因為那些產品的成分通常含有水楊酸，會讓臉部肌膚更乾燥、甚至脫皮。

　　但如果長了痘痘，還是要做好保濕的動作，再清除已經生成的粉刺，讓肌膚的油水狀況平衡，不再增加粉刺。

　　總之，肌膚保養之本就是保濕。不管是什麼類型、什麼年齡的肌膚，保濕都是不可省略的步驟喔！

DEPAS 全效舒緩噴霧

有追蹤崔小咪臉書的妞兒都知道，有一罐被我稱為「神水」的產品——「DEPAS 全效舒緩噴霧」，它主要成分是加拿大冰河水，並添加了海鹽，具有保濕和舒緩肌膚的效用。如果洗完臉後發現臉上有泛紅現象，使用它來代替化妝水，泛紅很快就會消失喔！平常感覺肌膚乾燥的時候拿出來噴一下，真的超級舒服！

由於水分子細小，可讓肌膚無負擔地良好吸收。像我的臉只要遇熱就很容易過敏，所以夏天時都會隨身攜帶它來補充水分。有時去海邊玩或在大太陽底下曝曬太久，肌膚紅紅痛痛時也可以拿來救急。

此外，DEPAS 全效舒緩噴霧也有舒緩頭皮的效果。尤其換季時，頭皮特別容易過敏，更能派上用場。我有時候偷懶不洗頭，隔天頭髮像海苔一樣扁塌，使用 DEPAS 全效舒緩噴霧加上電棒，頭髮就變得超級蓬鬆。

UNIVANCO 凡蔻雙分子玻尿酸機能化妝水

由於崔小咪經常出國，如若遇到氣候寒冷的國家或天氣變化大，肌膚就很容易敏感和缺水。這種時候，我都是使用這罐化妝水喔！而且它不含酒精和香精，敏感肌也能夠安心使用。

碧兒泉極水感活泉水凝凍

碧兒泉是我最早接觸的專櫃保濕產品，後來陸陸續續換過其他品牌，最後還是會回購他們家的保濕產品。這款保濕產品成分天然、無油，不用擔心太過滋潤而長出小肉芽，而且保濕效果佳，可以讓妝感更服貼。有時洗完澡在臉部和頸部塗抹之後再上床睡覺，隔天醒來就會覺得肌膚水水嫩嫩！

蘭芝睡美人香氛水凝膜

韓國凍齡女星宋慧喬所代言的明星商品，強調保濕鎖水，含有橘子花、玫瑰、依蘭、檀香的專利香氛，可以達到放鬆、舒緩的效果。夜晚在臉上敷一層的話，隔天醒來，肌膚會變得很 Q 嫩。

風靡國內外名媛的護膚油

　　有些人臉部肌膚會出現脫屑、膚色黯黃、紋路明顯等現象，這是「乾荒肌」的特徵，代表肌膚潤澤度不夠。特別是冬季或長期待在冷氣房裡，肌膚會因缺水而變得乾燥。這時，不妨使用護膚油來改善，保養油的分子很小，比起一般的乳液、乳霜更能滲入肌底，快速提供肌膚養分，也因此好多國內外的明星與名媛都大推護膚油產品，大家也請記得在保養清單上多添加這一瓶喔！

　　冬天時，我習慣使用護膚油，不管是妝前打底或平時保養都很好用。使用順序是在化妝水之後，先將護膚油滴在手掌心搓揉，稍稍溫熱後，再用按壓方式慢慢推勻至全臉，並輕輕按摩。因為我的兩頰部位比較乾，通常會先按摩這個部位，最後帶到脖子、手肘。我發現，使用護膚油之後細紋也比較不明顯。

── 好物推薦 ──

DORETTA 朵芮鉑金胜肽彈潤微導菁萃
DORETTA 鉑金胜肽彈潤微導菁萃含有荷荷芭油，還有獨家的三次元 MPT 緊膚肌因胜肽，對於改善鬆弛、細紋、乾荒肌都有幫助，是平常擦完化妝水後使用的產品。另外，上完隔離霜後，加入一滴 DORETTA 鉑金胜肽彈潤微導菁萃在粉底裡，會讓妝感更加服貼。

高效能精華液是最愛！

　　每年百貨公司週年慶，除了購買限量彩妝組之外，我一定會大量囤貨的就是精華液。顧名思義，精華液就是保養系列中的最精華部分，所以我可以不擦化妝水、跳過一些瓶瓶罐罐的保養程序，但精華液絕對不會省略！尤其是強調緊緻效果的精華液，更是令我愛不釋手。

　　市面上的精華液產品琳琅滿目，有各式各樣的功能，像是美白、抗皺、拉提……到底選擇哪一種才好呢？很多人都希望改善肌膚乾燥、膚色不均、皮膚鬆弛等問題，卻妄想用一罐產品就能搞定。我必須說：「除非妳是天生麗質，否則很少有保養品可以一網打盡！」即使廣告宣稱它具有全效功能，成果也一定有限。

　　對我來說，最棒的精華液是有保濕、美白功效的精華液。保濕精華液可以維持肌膚角質層的保水度，又能讓後續保養品更好吸收，所以平常進行保養時，我會先擦具有保濕功能的精華液，接著再擦美白精華液，讓肌膚更水嫩、由內而外地散發出透亮的光采。

　　即使妳是白肉底的女生，當下或許沒有肌膚黯沉的困擾，也不能在美白工作上偷懶喔！現在很多美白產品不單只是美白，還能夠提早預防斑點產生。要知道，一旦臉上出現一個斑點，代表肌膚底層有其他黑色素等著冒出來；加上隨著年齡增長與外在環境、生活壓力的影響，脆弱的肌膚更難抵擋紫外線與空氣中髒汙粒子的摧殘，所以一定要做好萬全準備。

SK-II 肌光極效超淨斑精華

崔小咪從國中開始著迷美白保養,當時大概是受到「一白遮三醜」這句話影響,瘋狂地追求「白雪公主」的美白境界。而我人生中第一罐美白產品,就是「SK-II 美白精華液」。即使到現在,我仍是努力不懈地進行美白功課,也嘗試了各種新的美白產品,但 SK-II 美白精華液始終是我回購率第一的精華液。它的質地清爽、美白效果好,適用於任何膚質。或許是從小用到大的關係,我的臉上幾乎沒有什麼明顯斑點,膚色也白皙。

ReVive 光采再生亮白精華

崔小咪曾經做過縮小毛孔、美白的醫美雷射療程,結果都不是非常理想,而且臉部皮膚因此變薄,血管變得明顯、膚質狀況也不穩定,只要氣候一變化,很容易就會過敏或是長濕疹。皮膚科醫生建議,最好使用質地溫和又能達到療效的保養品。後來我找到這款貴婦級的 ReVive 光采再生亮白精華,它帶有淡淡的植物香味,一顆米粒的大小就可以推勻全臉,對於淡化、修護痘疤很有幫助。

NEREUS 極白晶透精華液

之前去海邊玩時我的皮膚曾經曬黑過,就是用這個產品白回來的!它的質地透明清爽、好吸收,讓膚色看起來更明亮。擠完痘痘、處理好傷口後,擦上這罐精華液,就能讓黑色素不容易沉澱,痘疤也會比較快白回來。

雪花秀潤燥精華

韓國貴婦等級的經典熱賣商品,含有調理肌膚的韓方陰滋丹成分。在化妝水之前使用,可以緩解乾燥狀況,讓後續保養品更好吸收。

賽貝格高效除紋精華

這款精華液第一次使用時真的會有驚喜感。一般保養品都要擦一段時間才能感受 到效果,但這款高效除紋精華是擦在肌膚上,立刻會有麻麻的感覺,肌膚收緊的感覺非常明顯。隔天醒來,我很容易水腫的大餅臉,就變成小 V 臉了,上鏡拍照也更好看!現在已經變成我隔天要拍照或是重要約會的必備保養品。

一年四季，乳液、乳霜不可少

　　在悶熱黏膩、汗水濕答答的夏天，臉部的保養程序要越少越好。冬天很愛用的乳液產品，這時就顯得厚重。所以，我夏天通常都會擦些質地清爽的乳液；冬天時則使用乳霜。

　　一聽到乳霜，大家可能會心驚一下，認為這是進入熟齡階段才會使用的產品，但崔小咪把它歸在精華液之後的保養程序，當作保養的最後一道防線。

好物推薦

BEVY C. 光透幻白妝前保濕修護乳
乳液若太過滋潤就會讓臉部產生油光，而質地過於清爽，又會使底妝過乾。崔小咪可是下了一番功夫才找到這個產品；它利用智慧型分子達到控油、保濕，在肌膚底層持續補水滋潤的效果，還能促進老廢角質代謝。有時上完隔離霜後，感覺臉部乾燥、不夠水潤時，我會擦上它來補強。

- -

理膚寶水複合維生素舒敏保濕乳液
開始接觸理膚寶水的保養系列，是經由皮膚科醫生的推薦。它是針對敏感型肌膚所設計的產品，使用起來溫和又舒服。雖然我屬於混合性肌膚，在工作太累或是身體抵抗力突然下降時，臉上還是會長一些癢癢紅紅的濕疹。由於害怕讓肌膚的過敏變得更嚴重，當下我會停止使用保養品，只擦這罐。它的保濕和鎮定效果相當好，但敏感性肌膚專用的乳液通常有一個缺點，就是沒有添加香精成份，所以味道並不討喜。

眼部保養讓妳逆生長

過了 25 歲後，黑眼圈、乾燥、細紋等惱人的狀況統統跑出來，實在令人困擾啦！特別是黑眼圈，應該是無論幾歲的女孩都會遇到的問題。

因為工作的關係，我經常長時間看電腦和晚睡，黑眼圈也越來越嚴重。後來我去看了皮膚科，醫生建議我打染料雷射去除黑眼圈，打了之後卻沒什麼效果，反而讓我的眼部下方瘀青了一段時間。這讓我領悟到，眼部保養應該從調整日常生活的保養習慣做起，持之以恆，才能看見效果。

有個網友曾經留言問我：「我今年二十歲，可以開始擦眼霜嗎？擦眼霜會長肉芽嗎？」其實從**開始化妝的時候，就可以擦眼霜了。**

眼部保養並不是熟女的專利，重點是選擇適合自己年齡層的產品。像是，年輕肌膚可以選擇質地清爽的眼霜；熟齡肌膚選擇質地滋潤的眼霜。不妨依照個人的肌膚狀況和預算購買。

眼部是最能透露年齡的地方，只要有細紋或黯沉產生，會讓整個人失去光采，所以絕對不可輕忽眼周的保養工作。但由於眼周肌膚脆弱、細嫩，記得在塗抹眼霜時要留意一下力道，先用無名指沾取眼霜，將它輕輕點在眼部周圍再稍作按摩，避免用力，才不會拉扯出細紋。現在也有很多眼周保養品會添加獨家按摩技法，我建議可以跟著做，讓保養成分可以更快被吸收。

好物推薦

HANROON 韓潤極線電波拉提眼霜
這是韓國江南名醫診所開發的產品，它是針管式安瓶的包裝，每週使用量大概就是一支左右，用完之後會有隱形小手在幫妳拉提的感覺，具有緊緻效果。

LA MER 海洋拉娜 亮眼活膚精華霜
有一次崔小咪去錄影的時候，一位女藝人推薦我這個產品，使用之後發現，它對於撫平細紋真的很有效，唯一的缺點就是單價不便宜，必須很節省地使用才不會心痛。

Chapter Ⅲ
打造讓人怦然心動
的亮麗秀髮

　　想要有一頭亮麗光澤的秀髮，必須有健康的頭皮做為基礎，就好像種花一樣，沒有養分充沛的土壤，怎麼能長出美麗的花朵呢？做好保養頭皮的工作，讓它有呼吸舒緩的機會，頭髮才會變得有光澤。

　　崔小咪很喜歡觀察女生的髮質，每次在路上看到髮質很好的女生，就會讓我產生「有氣質」的第一印象，忍不住想要偷偷多看幾眼。

　　我的髮質屬於細軟髮，有點自然鬈，也有毛燥易塌的煩惱。而且，只要一到夏天，我的敏感性頭皮很容易出油，有時明明早上才洗完頭，結果下午頭髮就全塌了！天氣悶熱時，還會產生發癢、頭皮屑等惱人狀況。　所以，我更加留意平日所使用的洗護髮產品。保護秀髮已是我的日常保養工作之一。

美髮的基礎就是「保養頭皮」！

崔小咪曾經請教過皮膚科醫生如何改善惱人的秀髮困擾。醫生說，其實大部分的人都不知道正確的洗頭方式。自從學會正確的洗髮步驟後，我發現掉髮及頭皮出油的狀況都有改善，換季時也比較不會產生頭皮屑。

洗髮精的好壞，不只是關係到使用當下的髮質柔順與否，甚至會影響髮量。曾經，我因為使用了不當的洗髮精，造成頭皮紅腫和過敏，掉髮情形也特別嚴重。

使用洗髮精時，若是長久停留在頭皮上面，會造成頭皮毛孔阻塞；還有，造型產品更是造成頭皮毛囊阻塞的最大元兇，因此必須留意，洗髮精用量不宜過多。此外，頭皮和臉部肌膚一樣，到了冬天會變得比較乾燥缺水，所以**洗髮產品也要跟著換季**，改用比較深層滋潤的產品。

想要有一頭亮麗光澤的秀髮，必須有健康的頭皮做為基礎，就好像種花一樣，沒有養分充沛的土壤，怎麼能長出美麗的花朵呢？做好保養頭皮的工作，讓它有呼吸舒緩的機會，頭髮才會變得有光澤。一旦髮質變好，也能為整體造型加分喔！

這樣洗髮，頭皮更健康

❶ 洗髮前先用梳子把頭髮梳開

頭髮在濕的時候最為脆弱。因此，要在洗頭前，先把頭髮梳開，才比較不容易因為打結而掉髮。而且梳頭還可以先去除頭髮上的髒汙。梳子的選擇也很重要，會決定頭皮是否能越梳越健康，而不是刮傷妳的頭皮。

❷ 不要急著馬上洗頭

一般人常常會將頭髮打濕後，直接倒上洗髮精就開始洗頭的動作，但我聽從皮膚科醫師建議後，將洗頭方式改成：頭髮打濕後先靜靜地等五分鐘，讓頭皮與附著在頭髮上的髒汙與油脂浮出來後，再以洗髮精清潔，會洗得更乾淨。

❸ 選擇對的洗髮精

很多洗髮精會添加鹼性的起泡劑，洗久了頭皮就會變得脆弱、敏感，所以選擇 PH5.5 的洗髮精是很重要的。洗頭髮時要沖洗二次，第一次是把頭髮的髒汙都洗掉。第二次特別針對頭皮，用指腹輕輕按摩，把頭皮上的油垢、阻塞毛孔的髒汙洗掉，洗完妳會發現頭皮輕鬆很多！

沖洗完第二次之後，再使用潤髮或是護髮產品，但如果不是頭皮專用的護髮產品，最好不要碰觸到頭皮，否則很容易阻塞毛孔。如果是頭皮比較乾燥所引起的頭皮屑（例如：日曬造成的頭皮傷害），可以使用頭皮專用的潤髮乳，讓頭皮比較保濕喔！頭皮和臉部肌膚一樣也需要保養，這樣長出來的頭髮才會漂亮。

❹ 從頭皮開始吹頭髮

頭皮在潮濕的時候會分泌大量的油脂，這就是不吹乾頭髮就去睡覺的話，隔天頭髮都會特別塌的原因。由於潮濕很容易產生細菌，若不吹乾頭皮，不僅讓頭皮變得油膩膩，還有可能成為細菌孳生的溫床。

❺ 記得勤加更換枕頭套

每天與頭髮接觸最久的，就是枕頭。如果枕頭過於髒汙或太久沒有清洗，就會對頭皮造成負面影響。想要維持一頭健康亮麗的秀髮，這個生活小細節也不能忽略喔！

好店推薦

崔小咪每個月都會去 PLUUS 1 找設計師 KELLY 染髮及護髮。她態度專業，和客戶溝通也相當細心且有耐性，讓我很放心地把頭髮造型還有頭皮的健康交給她。
地址：台北市南京西路 86 號 1F
預約專線：02-2552-3022

哥德式 Elujuda 生命果油

這是一款不論頭髮在乾濕狀態之下,都能方便使用的免沖洗式護髮油。每次洗完頭或是用電棒鬃髮前,我都會用來護髮。它的質地清爽、保濕效果佳,使用後散發出自然清透的花果香味。黃色瓶身適合細軟髮使用,可以營造頭髮蓬鬆效果;橘色瓶身則適合粗硬髮使用,具有柔順的效果。

BIOCUTIN 賦活安瓶

之前因為頭皮敏感加上壓力大,掉髮情況滿嚴重的。於是我的髮型師推薦了我這個產品,使用後掉髮問題改善很多。它可以改善頭皮敏感、出油現象。

Shan 善 咖啡萃洗髮菁

我很喜歡這款產品的品牌理念:「一瓶真正安心使用的產品,一瓶減少環境傷害的產品。」包裝也是走環保路線,採用歐盟認證有機的氨基酸潔淨配方,一打開就會聞到濃郁香醇的咖啡味。洗後頭髮不糾結,柔順又蓬鬆。

呂洗髮精

由藝人尹恩惠代言、在韓國超夯的中藥漢方洗髮精,有非常多種選擇,可以針對個人問題改善,像是:掉髮、敏感頭皮都有專門系列。黑瓶是最滋潤的一款,洗的時候起泡量充足,洗完頭皮感覺很輕鬆,髮絲會有濃濃的人參味,對於防止掉髮和強壯髮根,有不錯的效果。

ELASTINE 香水洗髮精

韓國最美女星金泰熙、全智賢強力推薦,屬於滋潤度比較高的洗髮精,由歐洲皇家授權調香師量身打造專屬香味,洗後頭髮的香味可以持續一整天,號稱是約會必備、回購率第一的香水洗髮精。

DR CYJ 髮胜肽賦活洗髮精

由掉髮嚴重的朋友介紹,崔小咪才知道這個品牌。因為長期要做造型,其實我很擔心頭髮會有越來越稀疏的狀況。尤其是髮型師之前說我的瀏海有變少,讓我感到擔憂,後來換成這系列的洗護髮產品,加上一罐頭皮滋養液,髮量變多了!我覺得洗起來很舒服,頭髮蓬鬆、頭皮也很清爽,不會有油膩膩的感覺。

百變造型必備的神奇利器

　　雖然崔小咪經常變換髮色，但我對髮質好壞真的非常在意。染髮和燙髮同時進行是非常傷髮質的行為，建議妞們最好能在燙髮後相隔一、兩個星期，再進行染髮的動作。市面上的變髮產品非常多，巧妙使用這些好用產品，即使不進行染燙動作，也能變換百種造型喔！我自己覺得，比起直髮，鬈髮能讓臉部看來更小巧，所以經常嘗試各種鬈髮造型，因此有人以為崔小咪的鬈髮是燙出來的！其實是我每天都使用電棒捲的效果喔！很多女生都害怕使用吹風機和電棒會讓髮質變差，但現在科技發達，很多吹風機都具有負離子護髮設計功能、可以控溫、防止髮質乾澀，只要正確使用，真的不需擔心髮質受損。

　　如果擔心高溫之下近距離接觸頭髮會讓髮質受損的話，上電棒前，可以和我一樣在頭髮上先噴一些防熱護髮噴霧或髮油，有了一層保護膜，就能減少對於頭髮的傷害，也讓頭髮鬈度更持久、不毛燥。另外，定期護髮也讓頭髮較不會受損。

　　崔小咪很喜歡電棒塑造出來的空氣感鬈髮，最常使用的是 25mm 和 32mm 的電捲棒，我會依照不同造型需要來交替使用。25mm 的電捲寬度用來捲瀏海剛剛好，不僅不容易燙到額頭，捲出來的瀏海也很自然、漂亮。至於 32mm 的寬度則拿來捲比較浪漫的大鬈髮。關於電棒的使用方法，沒有人一開始就是高手，唯一的辦法就是多練習、熟能生巧。如果害怕被電棒燙到的妞們，可以先拿沒有發熱的電棒練習喔！

—— 好物推薦 ——

Sanbi HB-601 包頭梳

崔小咪對於梳子的要求很高，要能梳開鬆髮又不會破壞造型，最後找到連髮型大師小曼老師都在電視節目上推薦過的這款包頭梳，它的末端採圓珠設計，不會刮傷頭皮，還可以達到按摩頭皮的功效，維持頭皮健康。此外它的豬鬃毛材質及長短齒梳的設計，不容易產生靜電，讓頭髮更柔順。

飛利浦負離子吹風機

造型輕便、攜帶方便，因為含有負離子，吹整後頭髮完全不輸給外面髮廊吹的亮澤度，頭髮打結的情況也可以改善。

貝比菲兒康尼爾 25MM 電棒捲

我有固定捲瀏海的習慣，25MM 的寬度，對我來說剛剛好，它可調溫度，初學者也很好控制上手，算是我每天必用的超實用電棒。

手殘女也能輕鬆上手，變髮 SO EASY！

　　剛開始使用電棒時，一定會遇到捲來捲去都和自己想要的造型不太一樣的經驗。但是別輕易放棄，電棒做出來的髮型變化真的比編髮、綁髮來得豐富許多。崔小咪原本也是手殘女，不太會整理頭髮，都是依靠好的變髮工具「加持」！假如妳也是和我一樣手不巧的女孩，只要選對了工具，就會發現，想要完成一個好看的髮型，不再是難事。

　　電棒捲的選擇很重要，材質良好的電捲棒，回溫速度快，不僅讓頭髮鬈度更漂亮，捲後頭髮也能維持水亮有光澤感的狀態。千萬不要為了省錢，而購買價格便宜或廠商來路不明的電棒產品喔！

溫柔甜美風鮑伯頭

HOW TO DO

1 將頭髮梳鬆、梳直，使
用護髮液讓髮質看來光
亮柔順。

2 用電棒捲稍微繞捲一下
瀏海，創造蓬鬆、可愛
的彎彎瀏海。

3 聚集髮尾，用黑色橡皮
筋鬆鬆地綁一個極低的
小馬尾。

4 抓起馬尾往內彎起塞進
後腦杓。剛剛預留的頭髮
上半部空間，因為內彎手法剛
好變成一個好看的弧度。將內
彎的馬尾以小黑夾固定在後
腦杓。使用多個小黑夾固定，
可以防止髮絲掉落。

5 長度不夠收進後腦杓的
頭髮，可以用電棒捲捲
出內彎弧度，加強收取動
作。耳朵兩側的頭髮，也可
以用電棒捲加強蓬鬆彎度。

6 用扁梳收整落下的髮絲
及瀏海即完成。也可以
自行加上髮飾點綴。

可愛俏皮的
蝴蝶結包頭

使用工具：扁梳、橡皮筋一條、小黑夾數個。

1 先綁出一個高馬尾。

2 馬尾折半之後，留一個尾巴不要全部拉出。

3 將頭上的包包分成兩邊。

4 接著將剛剛的髮尾，分出二分之一的分量分量，用小黑夾固定。

5 剩下的髮尾收整好。

6 繞到包包分界處。

7 用小黑夾固定即可。

高貴典雅的公主頭

使用工具：扁梳、小黑夾數個、U型夾兩個。

1 先將整頭頭髮上捲。如果是髮量較多的妞，可以將頭髮分成上、下、左、右四個區域，會更有層次。

2 全部頭髮上好捲度後，在髮尾部分抹些護髮油，用手指將一束一束的鬈髮梳開，形成自然的鬈度。

3 將耳朵前方、上方的頭髮輕輕抓起，往耳後區域，貼著頭型繞捲，再用U型夾往內固定。

4 左右兩側都是如此繞捲後再固定。

5 抓起瀏海，聚集在頭型上方，並往前推出一個漂亮的弧度。也可以用扁梳整理掉落的髮絲，一併調整整個圓弧的蓬鬆度後，再利用小黑夾將瀏海創造的圓弧固定住。

浪漫優雅的
簡單髮髻

使用工具：扁梳、橡皮筋一條、小黑夾數個、
造型髮帶一個。

1 先用大捲度電棒捲將頭
髮上半部整區捲過。

2 再用小捲度電棒捲將頭
髮下半部整區捲過。

3 用扁梳整理長瀏海。

4 抹上護髮油。

5 編髮有兩種，一種是純
粹繞捲，一種則是鬆鬆
的編出三股編，選擇自己喜
愛的方式編好後，用橡皮筋
綁住。

6 將編好的髮束拉起，在
頭部下方進行纏繞，加
上祕密武器魔鬼氈髮包，
會讓髮髻的弧形看起來更
美，並且節省髮夾數量。

7 利用∪型夾固定，以
防髮束散落。

8 接著使用電捲棒，將
長瀏海稍微捲一個內
彎的捲度。

9 如果覺得纏繞後的頭
髮過於單調，可以準備
數個小珍珠∪型夾，隨意插
進纏繞的髮束，幫助固定。

10 完成。

波希米亞風的
清爽丸子頭

使用工具：扁梳、橡皮筋兩條、U型夾數個、
造型髮帶一個。

HOW TO DO

1 首先綁出一個高高的馬
尾，用橡皮筋固定。

2 從綁好的馬尾中任意挑
出一束髮束。

3 進行三股編，編好後用
橡皮筋固定。

4 拿起馬尾，繞成丸子後
以U型夾固定。

5 再將之前編織好的一束
三股編，繞著丸子後以
U型夾固定。

6 用扁梳順一下瀏海即
大功告成。也可以搭配
喜歡的髮帶，增添造型感；
若是將瀏海收起，就變成
另一種俐落清爽的風格。

淘氣女孩的
鬈髮小心機

HOW TO DO

1 首先，用電棒捲進行整頭鬆髮。這款髮型需要非常明顯的捲度，所以電棒捲的溫度可以稍微提高一些。捲動頭髮時，手勢需提高，將整頭頭髮完整且均勻地上好捲度。

2 捲好的一束束髮束，可以用包頭梳輕鬆梳開。

3 抹上護髮油。

4 將整頭鬆髮編成一束束的三股編，用橡皮筋固定。

5 將編好的髮束拿起，往上盤至頭部中間，並以U型夾及小黑夾固定。收得不夠漂亮沒有關係，只要能固定住髮束就好。

6 戴上喜歡的帽子，剛好遮住固定髮束的部位，露出漂亮的編髮下緣。再用扁梳順一下瀏海及散落的髮絲即完成。

打造韓妞空氣感瀏海

現在幾乎所有韓妞都是留這樣的瀏海，輕薄、不厚重，也有修飾臉型的效果，讓臉蛋看起來更小、更精緻，難怪大家都在瘋！

去韓國時裝週時，崔小咪特別去找了少女時代專用的美容室 SOONSOO，請造型師教我真正的韓妞空氣感瀏海，結果發現意外簡單，即使是手殘女也不用擔心弄不出來。

1 在瀏海半乾的狀態，使用 5CM 寬的髮捲將空氣感瀏海所需的髮量捲起。

2 用吹風機吹熱髮捲，大概吹 2 分鐘左右。

3 待放涼 1 分鐘（這時還不能取下髮捲），讓頭髮定型。

4 放下髮捲，接著用吹風機將其他髮量往二側吹整。

5 因為台灣的氣候潮濕，可使用定型噴霧讓空氣感瀏海更持久。

6 如果瀏海想要有根根分明感，可將定型噴霧噴在手指上。

7 用手指抓出一撮一撮的感覺，大功告成！

江南STYLE
波希米亞微亂鬈髮

這款髮型同樣也是和韓國造型師學的,他幫我弄完之後,還很得意地說:「這就是江南STYLE!」江南是首爾的超級精品地段,在這邊出現的女生也充滿名媛貴氣感。我最近看到的韓星也正好都是用這種叫作「BOHO WAVE」的鬈髮,有著波希米亞的隨興風格,有點要捲不捲、但又不經意地流露出性感和優雅。這個髮型如果染髮時有特別挑染會更有漸層的效果。我的髮色都是 PLUUS 1 的 KELLY 還有 MPLACE 的 MIYAKE 幫我特別染的,這樣捲起髮來更有層次,也具輕盈感。

1 先取用哥德式 Elujuda 生命果油約 1 元大小，以手指梳順髮絲，讓頭髮能夠均勻地擦上護髮油，免於電棒高溫的傷害。

2 使用 25MM 的電棒，由髮內側捲起髮尾，這樣的作用是先捲完全部的髮尾。因為 BOHO WAVE 有相當的難度，先這樣捲完，比較不會被發現哪邊忘記捲到。

3 將頭髮分成區塊，從靠近後面的頭髮開始捲，從頭頂下 10 公分做外翻的捲度，只要一個彎就好，同一撮頭髮上面是外翻的鬈髮，靠近髮尾的地方是內翻的鬈髮。

4 重複這個動作，將分區的頭髮捲完，頭頂下 10 公分（可自己調整，越靠近頭皮捲度越蓬）用外翻的鬈髮。

5 到底下用內翻的鬈髮，讓同一啜頭髮同時有不同的捲度（外翻和內翻的鬈髮方式）。

6 整頭完成之後，再用電棒隨興抓出頭髮，做一個彎的捲度。

7 這樣有點隨興、鬆軟的 BOHO WAVE 就完成了。髮色漸層也讓 BOHO WAVE 的效果更明顯囉！

韓妞的馬尾小臉
必殺技

不知大家是否有留意到，韓妞們不管綁丸子頭或是馬尾，都不會將頭髮綁乾淨，幾乎都會在耳際兩側留些髮絲點綴？所以，就算是露出整張臉，從正面看起來，臉型也會比較小巧，側面看過去的整體線條也會更柔美！這個修飾臉型輪廓的小心機，只要用一條橡皮筋或是髮圈就能輕鬆搞定，是愛美的女生必學的必殺技。

1 先綁一個低馬尾,繞二圈之後,最後的頭髮不要拉出來。

2 調整頭型,不要讓頭扁扁的。

3 將剩下的頭髮,繞到剛剛馬尾的底下,塞進髮圈裡。

4 出動電棒,讓頭髮稍有鬆度,這樣就完成啦!如果頭髮層次很多的人,可能會有頭髮跑出來,就要使用定型液或是小黑夾。

Chapter IV
首爾流行風

韓式婚紗

×

明星美容室

×

服飾

×

美妝

×

追星美食

PART 1
首爾婚紗拍攝
初體驗

去年是崔小咪結婚 6 周年，我和 H 很開心地實現了在首爾拍攝美美婚紗照的夢想！
這次替我們安排婚紗照拍攝的是 Walentines Korea Pre-Wedding Photo & Ceremony 隸屬韓國最大的婚慶公司（株）iWeddingNetworks，它在香港和台灣的分公司，底下有很多明星級的 STUDIO、婚紗店以及韓星御用美容室配合，替很多韓星安排過婚禮及婚紗攝影，韓綜《我們結婚了》的明星婚紗也是和他們合作。

韓國婚紗的拍攝流程，從去禮服店挑選新娘新郎服、美容室化妝、髮型，到最後的婚紗攝影，全部都是分開的。一般來說，大概是三天二夜的行程，全程還有一個中文翻譯隨行。女生什麼都不需要帶，因為韓國婚紗店連內衣和專用的胸墊都有準備。

第一天，崔小咪帶著緊張又興奮的心情，來到位在韓國黃金地帶江南區的 JANG DAE HEE 婚紗禮服店試裝，這裡的禮服風格優雅且充滿獨特性，韓國女藝人柳真就是這家的愛好者，它們家的手工頭飾也是一項特色。

婚紗店的工作人員看起來都非常專業，而且效率超高！一般試衣時間是 2 到 2.5 小時，在這段時間內他們會推薦適合新娘風格的禮服。一開始工作人員幫我挑選的是大蓬裙禮服，但她觀察了我的表情，發現我不是很喜歡，立刻就幫我換了另一款比較能夠展現身體曲線的魚尾禮服，加上一邊還有中文翻譯幫忙協調，所以我大概試穿了十套禮服左右，就決定了隔天要拍攝的禮服，非常有效率。

體驗明星級新娘彩妝

身為韓劇迷，崔小咪除了超期待韓國美容師幫我打造成閃閃動人韓國女星 LOOK 之外，當然也很期待能夠遇到韓星本人囉！

外觀很像咖啡廳的 A by. BOM 美容室，聽說 SUPER JUNIOR 的始源、SECRET 的善花、歌手朴嘉熙都是這裡的常客。

在化妝的過程中，我發現韓國彩妝師真的很神手，感覺沒在臉上抹什麼顏色，畫完妝，五官整個變得深邃好多！

另外，韓妞很重視底妝，光是妝前打底的保濕，就幫我上了好幾層，讓皮膚達到一定的濕度之後，才接著用粉底刷刷上薄薄的粉底，然後用較淺色的方式打亮在 T 字部位；兩頰則用深色粉底製造陰影度，用深淺不同的底妝產品一層一層地打造出立體輪廓，這樣畫出來的妝感不僅不厚重，該遮的地方也都遮到了！

眼妝部分，我發現韓國彩妝師是用一撮一撮接睫毛的方式來上假睫毛，和以往我們戴一整排的方式不同，這樣的上睫毛方式，適合每個人的眼型，而且畫出來的眼妝就像天生睫毛這麼濃密一般。

接下來是韓妞必備的臥蠶妝，只要用臥蠶筆帶過就非常明顯，可以增加眼睛的水亮度，以及讓眼睛變大，畫完之後眼睛變得好像會笑一樣！

化妝完成之後，接下來就是髮型的部分。髮型師會拿一些範本供顧客挑選喜歡的風格，因為我想要比較多變的造型，所以和髮型師討論後，先做簡單的氣質型編髮，拍照時再把頭髮放下來。在編髮之前，髮型師會整頭做不規則的鬈度，增加頭髮的蓬鬆感，最後完成的髮型也非常持久。光是造型的變化就相當多種，其實都只是在紮髮上做小小地調整而已。

體驗了韓式婚紗的拍攝過程，讓我有種彷彿變身韓劇女主角的感覺，成果也令我十分滿意喔！

=== 好店推薦 ===

A by. BOM 美容室
網站 www.abybom.com

- -

Walentines Co. Ltd. 韓國婚紗攝影及婚禮企劃
網址 www.walentines.com

PART2
韓國明星美容室

崔小咪這次去韓國拍婚紗，最過癮的事就是到韓星御用的美容室化妝，韓國美容室提供了化妝、洗髮、剪髮等服務，每次的費用大概在 10 萬韓圜左右；如果擔心語言不通，可以請當地翻譯陪同。

在這些大明星常去的首爾美容室，簡單的英文都是可以溝通的，有些美容室還有會說中文的工作人員，美容師也會提供照片讓妳選擇想要的妝感，出錯率很小。至於選擇哪家美容室好呢？不妨看看造型師幫哪些韓星做過造型，當作參考。

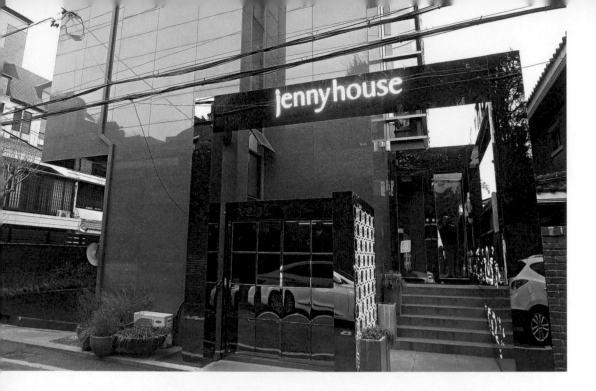

Jennyhouse

　　韓星朴信惠是崔小咪最喜歡的韓國女演員之一，從早期的《原來是美男》、《繼承者們》到最近的《皮諾丘》，朴信惠的演技一直有目共睹。而且她在劇中的彩妝、髮型一直是女孩們想要模仿的對象啊！

　　朴信惠的美妝造型都是由 Jennyhouse 打理，還有綜藝節目《RUNNING MAN》裡面的宋智孝，她的美妝造型也是出自這裡的造型師之手喔！ Jennyhouse 共有三家分店，最近人氣很夯的男星李鍾碩去的是 OLIVE 店。

Primo 店
地址 首爾市江南區清潭洞 114-8　　　**電話**（+82）2-3448-7114

OLIVE 店
地址 首爾市江南區狎鷗亭路 80 街 36（首爾市江南區清潭洞 93-10）
電話（+82）2-512-1563

清潭洞店
地址 首爾市江南區狎鷗亭路 424（首爾市江南區清潭洞 79-15）3、4 樓
交通 狎鷗亭羅德奧站三號出口　　　**電話**（+82）2-514-7243
營業時間 10:00 ～ 19:00　　　**官網** www.jennyhouse.co.kr

Reskin Aesthetic

這家高級美容沙龍位在 SM 經紀公司的旁邊，有許多韓國藝人會來此保養皮膚。Reskin 除了有自創品牌的敏感肌保養品之外，也有最新的美容儀器幫忙診斷肌膚狀況，以及體驗適合的療程，讓皮膚問題可以得到最大的改善，這樣貼心的服務自然吸引很多愛美的女性前來光顧。

地址 首爾市江南區狎鷗亭路 421-1 號
電話 （+82）2-515-1444　　**營業時間** 10:00 ～ 19:00
官網 www.reskinaesthetic.co.kr

MUSEE NEUF

這家美容院是很多藝人明星愛光顧的店，像是韓國大美女金喜善結婚的時候，就是請這裡的御用美容造型師幫她做造型的喔！如果妳也想要擁有像女神一樣的美麗外型，不妨來 MUSEE NEUF 嘗試看看！

地址 首爾市江南區彥州路 164 街 33（首爾市江南區新沙洞 646-6）
電話 （+82）2-516-0331　　**營業時間** 10:00 ～ 19:00　　**官網** www.museeneuf.com

BEAUTE 101

　　BEAUTE 101 是一家平價沙龍，除了一般彩妝，也提供婚禮彩妝服務，新娘妝的價格約為 20 萬～ 25 萬韓圜起跳。

　　崔小咪曾去店內採訪過，服務人員的態度非常好，採訪當天就連長得超美麗又有氣勢的董事長都親自出來熱情招待。而且它的價格也很透明化，推薦大家來首爾做婚紗造型的話，可以考慮去這家店感受一下超 NICE 的高檔服務。

地址 首爾市江南區新沙洞 645-21 號
電話 （+82）2- 545-4706　　**營業時間** 10:00 ～ 19:00
官網 www.beaute101.co.kr

Soonsoo beauty

　　Soonsoo beauty 在狎鷗亭算是名氣響亮的店，很多韓國當紅藝人的妝容都是在這裡打造，包括外型超有個性、音樂節奏強烈的女子團體 2NE1；少女時代裡美麗清純的徐玄，以及走動感路線的 2PM、抒情路線的 2AM……都是它的座上賓。如果想要一睹偶像風采，來一趟 Soonsoo 或許會有意外的驚喜。

尤其二樓的化妝 VIP 室幾乎每次來都會遇上藝人在這裡化妝，喜歡歐巴、歐膩的追星族們千萬不要錯過。

地址 首爾市江南區新沙洞 630-24 號
電話 （+82）2- 515-5575　　**營業時間** 10:00 ～ 19:00　　**官網** www.soonsoobeauty.com/

The Red Carpet

　位在狎鷗亭羅德奧站 3 號出口附近，這家是韓國知名團體 BEAST、JYJ、INFINITE、4minute、A Pink 常來的美容室，一共是四層樓的建築，通常韓星會在四樓的 VIP 室。H 一聽到 4minute 的泫雅也在這邊做造型，立刻要我預約下次的造型啦！

地址 首爾市江南區狎鷗亭路 62 街 17-10（首爾市江南區清潭洞 94-9）
電話 （+82）2-516-8588
營業時間 10:00 ～ 18:30
官網 www.theredcarpet.co.kr

LEEKAJA HAIR

　BIGBANG、玄彬、李準基、RAIN 等眾多韓星的御用美容室，開業已經 40 餘年，在韓國有許多分店，因為收費公道而廣受當地人的喜愛。總店位於貴婦雲集的清潭洞名品一條街，雖然收費比其他分店高一點，但是很有可能遇到韓星喔！

地址：首爾市江南區清潭洞 100-17 黛安娜大廈 2 樓
電話 （+82）2-518-0077
營業時間 10:00 ～ 19:00
官網 www.leekaja.co.kr

PART 3
崔咪的首爾
私房景點

提到首爾，大家會想到什麼逛街地點呢？明洞、東大門、弘大、梨大商圈有很多美妝、流行服飾、美麗小物可以大肆採購，可說是觀光客的購物天堂！

因為工作的緣故，崔小咪幾乎每個月都要飛一趟首爾，最常流連忘返的地方就是首爾的流行發源地「江南」了！這裡除了有各式各樣的流行名店，充滿個性的 select shop 也隨處可見，還有許多明星御用的美容化妝室以及時尚咖啡廳，撞星率高！如果你也是熱愛韓國流行文化或是追星一族，有機會到首爾的話，江南絕對是必訪景點。

時尚
最前線

狎鷗亭

　　來到狎鷗亭，立刻感受到一股走在時尚尖端的濃厚氛圍，百貨公司、名牌旗艦店、韓國設計師名店的櫥窗令人目不暇給，馬路上經常可以看見穿著時尚有品味的男男女女穿梭其中，有韓國「第一流行街」之稱的羅德奧街更是值得一逛。

新沙洞林蔭道（綠樹街）

新沙洞是年輕人聚集的場所，這一帶有很多咖啡廳、餐廳、酒吧，是許多情侶們喜歡來約會或是朋友相約聚餐的地方，一些韓劇、電影也常在此取景。

「街路樹道」因為街道兩旁種植銀杏樹而得名，路邊是一間間個性小店、美妝店、H&M、Zara、Forever21、ALAND……等流行服飾店林立，漫步其中，彷彿置身歐洲一般充滿了悠閒的氣氛。

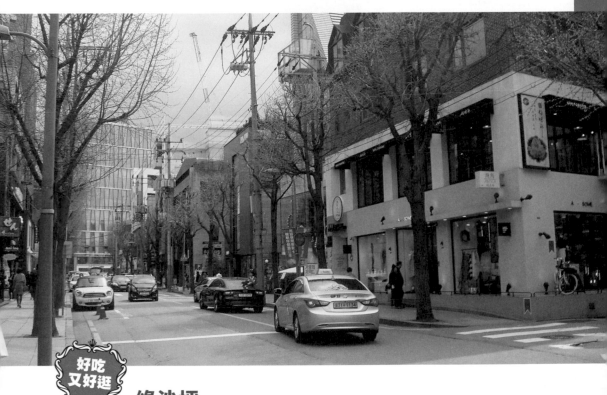

綠沙坪

充滿異國風情的梨泰院，也是崔小咪經常去逛街尋寶的地方，那裡有許多骨董家具店和特色小店。很多韓國歐膩告訴崔小咪，她們最喜歡來這邊喝咖啡，因為遊客少，可以安安靜靜地享受悠閒的下午茶時光。

離梨泰院站不遠的綠沙坪也有不少特色小店，有時工作或逛街累了，我喜歡在咖啡店品嘗一杯香醇的咖啡和美味可口的甜點，讓自己好好地放鬆一下！

歐巴也説讚的追星美食

　　除了美妝以外，相信許多哈韓族前進首爾的目的之一也有「追星」。以下就為大家介紹幾家韓星經常光顧的人氣餐飲店，粉絲們千萬別錯過遇見歐巴、歐膩的機會喔！

烈鳳燉雞

　　韓星SEVEN開的店，就在新沙洞路樹街口Coffee Smith的對面巷子進來，位在二樓。樓梯牆上張貼了光顧過這家店的明星照片，還有我很喜歡的尹恩惠；二樓有非常多GD的海報（好希望可以遇到他喔）。

　　燉雞從二人到四人的分量都有，可以自由選擇辣度，裡面有很嫩的雞肉、馬鈴薯、青菜、年糕，拌著甜甜辣辣的醬汁吃，非常開胃！韓國朋友建議可以把紫菜飯拌在燉雞的醬汁裡，也非常好吃。

地址 首爾市江南區新沙洞 540-22 2 樓

電話 （+82）2-3445-1012

營業時間 11:30 ～ 23:00

網址 www.yeolbong.com

交通 3 號線新沙站 8 號出口步行 5 ～ 6 分鐘

CAFENNE

　這家是由 T-ARA 的咸晶媽媽開的咖啡店是 24 小時營業，店內掛滿了 T-ARA 的海報還有周邊商品，也有很多藝人好友的簽名（說不定在這邊可以遇到本尊），店內必點的鬆餅，口感非常的 Q 彈爽口。

地址 首爾區江南區彥州路 15 街 41
　　　（首爾市江南區論峴洞 93-10）
電話 （+82）2-511-0294

Grill 5 taco

　　由 Super Junior 成員東海所投資的墨西哥餐廳，店內的裝潢走美式風格，氣氛非常地輕鬆自在。必點餐點是薯條，碎洋蔥加上香辣的調味，非常對味，還有雞肉口味的墨西哥菜 Taco，也是店員推薦的招牌美食。

地址 首爾區江南區宣陵路 152 街 15（首爾市江南區清潭洞 88-10）

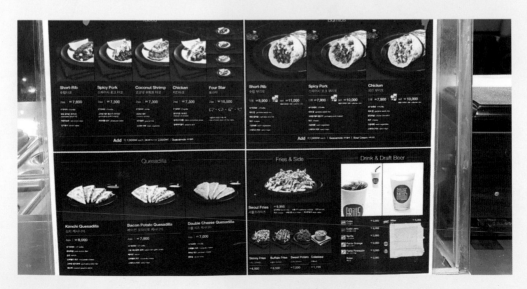

Coffee Smith

Coffee Smith 在韓國有很多家分店，但是根據崔小咪的可靠情報來源指出，這家出現韓國明星和 MODEL 的機率最高！店面是露天的挑高設計，加上原木裝潢，充滿了時尚感。

地址 首爾市江南區新沙洞 536-20
營業時間 9:00 ～ 2:00

EVERYTHING BUT THE HERO Caf

韓星趙寅成弟弟開設的咖啡店。用徒步的方式會有點遠。店面磚牆有置身歐洲古堡的復古感覺，露天座位剛好面對南山，天氣好的時候坐在這裡啜飲一杯手工咖啡，欣賞遠山的風景，非常愜意又舒服！

在韓劇《沒關係，是愛情啊》中扮演情侶檔的趙寅成和孔孝真，曾在這個咖啡店被拍到私下約會，要捕捉野生歐巴或許可以來這邊碰碰運氣。

地址 首爾市龍山區槐樹路 62（首爾市龍山區梨泰院洞 210-68）
交通 綠沙坪站 2 號出口直走，步行約 15 分鐘。在槐樹路右轉一直往上坡走就可以看到。
電話 （+82）2-792-7909
官網 www.ebhero.com
營業時間 11:00 ～ 23:00

PART 4
韓妞的
時尚穿搭術

在首爾街頭,經常看到的韓妞穿著就是時尚又簡約的運動風了!
這也是崔小咪十分欣賞的穿衣風格。只要善用這些單品,妳也能
穿出韓妞的街頭隨興時尚風。

萬年不敗的
時尚單品

必備單品 1
球鞋

韓國因高地多的關係，很多韓妞都是人腳一雙運動鞋。以前是國際大牌比較多，最近，你不能不知道的韓國球鞋品牌SBENU，已經悄悄攻占了許多韓妞的心，從知名韓國女團AOA到可愛的IU等藝人，都穿上了SBENU球鞋。

到底它的魅力在哪裡，我穿上後真的嚇到了！它的設計很時尚，不像一般運動鞋，非常實搭。 加上它特殊的版型設計，可以讓腿部看起來比較修長（但不是內增高），既可以穿出運動風又有長腿的效果，難怪大受歡迎！款式從女鞋到男鞋都有，妳也可以和情人穿著情侶鞋甜蜜地約會。

美腿鞋果然名不虛傳，可以讓我接受的時尚運動鞋就是 SBENU！

Enjoy your life ....
by tramy

帽子

一頂時尚簡單耐看的帽子，絕對是一年四季不褪流行的百搭單品。從崔小咪最喜歡的「韓國時尚 ICON」GD 引領風潮，戴起韓國設計師 BOWLLER 的帽子之後，它也造成了一股搶購風潮。

設計師本身原本是 YG 集團的舞者，也曾經在安七炫和吳建豪的 MV 裡出現過，後來因為跳舞需要戴到帽子，自己開始著手設計特別的版型，果然一炮而紅！很多韓星例如：李敏鎬、GD、泫雅等藝人都是他們家帽子的愛用者！

版型真的有厲害，戴起來臉型看起來特別小。

　　韓劇中的女主角戴上華麗、可愛的項鍊和耳環,搭配洋裝或裙裝,立刻就出現了「畫龍點睛」的時尚效果。VINTAGE HOLLYWOOD 以手工打造,商品種類琳瑯滿目,可以搭配百變 LOOK,營造出獨一無二的流行風貌;VENIMEUX,以真皮打造出質感,也展現了個性、時尚的風格。

必備單品 3

有特色的時尚飾品

哪裡買

BACK TO BRITISH
電話 02-2568-1848
地址 台北市中山區中山北路二段 26 巷 10-1 號
臉書 www.facebook.com/Back2British

PART 5
首爾買物地圖
服飾、包包、鞋子

BOY+ by supermarket

　　戶外建築以大塊面積跟點點為特色裝潢，販賣許多韓國設計師的品牌，例如 push BUTTON、KYE……等等。少女時代、INFINITE 等藝人都穿過他們家的服裝，如果你很欣賞韓國設計師的作品，來這家店一定可以找到喜歡的單品。

　　這家店共有兩層樓，一樓為女裝賣場，二樓則販賣男裝。雖然店裡的商品為中高價位，但設計感十足，走在路上不容易撞衫！

電話（+82）2-548-5379
營業時間 11:00 ～ 22:00
地址 首爾市江南區宣陵路 157 街 16
　　（首爾市江南區新沙洞 663-15）

push BUTTON

　　有在追韓劇的朋友們，對這個品牌一定不會感到陌生。像是去年很夯的韓劇《沒關係！是愛情啊！》女主角孔曉振，就是在戲裡狂穿這個品牌的襯衫。不僅如此，許多韓國女藝人也是 push BUTTON 的愛好者。

網址 www.pushbutton.co.kr

KYE

　　由畢業於倫敦中央聖馬汀藝術設計學院的 Kathleen Kye 創立的服裝品牌，風格獨樹一格，許多韓國藝人都是愛用者，像我之前還在店裡遇見韓國女子團體 2NE1 成員之中的 CL，不難想見它的服飾風格有多酷了吧！

網址 www.kyefashion.com

Brush

　　Brush 走的是日系甜美風格，喜歡比較夢幻甜美 STYLE 的女生，在這裡一定可以找到喜歡的單品。

地址 首爾市江南區新沙洞 534-20（首爾市江南狎鷗亭路 12 街 50）
營業時間 11:00 ～ 22:00

around the corner

　　LG fashion 旗下的複合式商場，共有三層樓空間，男、女生服飾和各式包包、帽子等單品都有，逛累了還有咖啡座可以坐下來休息。店內也販售許多人氣品牌，包括受到 GD、IU 等藝人青睞的 COMME DES FUCKDOWN 等商品。

地址 首爾市江南區新沙洞 532-5
營業時間 11:00 ～ 22:00
網址 www.aroundtheconer.co.kr

LAYKUNI SHOP

　　幾位韓國設計師們合作開設的潮流店面，店裡的衣服非常特別、搞怪，而且搶眼，每一件都是可以當作登台的服裝！其中 UNBOUNDED AWE 和 KONKRETE LOO 是以男裝為主，MIMICAWE 是女裝品牌，設計大膽、搶眼，十分吸睛。

地址 首爾市江南區彥山大路 53 街 39
電話 （+82）2-3143-4970
營業時間 12:00 ～ 21:00

SJYP

由韓國知名設計師 Steve J 和 Yini P 攜手打造的時裝品牌，SJYP 是其中的副牌，品牌風格以平價、實穿、率性為主，用大量基本色調和丹寧材質，打造出就算平常出門也適合穿著的單品，這季和迪士尼合作的單品非常值得入手。

在很多韓劇都可以看到它的蹤影，像韓劇「皮諾丘」男主角李鍾碩就有穿過他們家的服飾，還有韓國時尚女星孔曉振也是這個品牌的愛好者。崔小咪參觀首爾時

裝週時有去看設計師 Steve J & Yini P 的秀，現場大牌明星雲集，連我很喜歡的泫雅都有出席。

地址 首爾市江南區新沙洞 541-2
電話 （+82）70-7730-4567
營業時間 11:00 ～ 22:00
網址 www.sjyp.kr

KOON

我的愛店之一，每次來首爾都會去看看有什麼新奇小物、新的設計師品牌。全店共有四層樓，從女裝、男裝、配件到最頂樓的設計師家飾，各式商品應有盡有，一網打盡了歐美的流行元素，每次來都是滿載而歸。特別推薦它的墨鏡，造型感十足。

地址 首爾市江南區新沙洞 546-5
電話 （+82）2-3443-4507
營業時間 11:00 ～ 21:00
網址 www.koon-korea.com

KWIN　CONCEPT SHOP

韓星 2NE1、GD 的愛店，店內很多歐美前衛設計師的衣服，配件的種類更是琳琅滿目。我一走進店裡，就立刻被一個新設計師作品所吸引，那是用裸女圖案做成的手拿包，充滿了搶眼的視覺效果！

地址 首爾市江南區狎鷗亭路 8 街 5
　　　（首爾市江南區新沙洞 529-6）
電話 （+82）2-540-7988
營業時間 11:00 ～ 21:00
網址 www.kwinconceptshop.com

STUDSWAR

經過加工的單品最吸引我了！尤其是休閒鞋款加上致命的金屬鉚釘，不管是華麗款還是個性款都令我著迷。這家義大利品牌潮店的每雙鞋款式都是限量製作，所以看到喜歡的鞋子可不要錯過，
可能一轉身就被買走了！

地址 首爾市江南區狎鷗亭路 10 街 29
　　　（首爾市江南區新沙洞 102）
電話 （+82）70-4648-8934
營業時間 11:00 ～ 21:00
網址 www.studswarkorea.com

Gentle monster

這是一間讓我想要尖叫的墨鏡店。外觀是棟古典華麗的建築,走進店裡很像來到歐洲某個廢棄城堡,整牆的墨鏡都可以自由地試戴、拍照,在這裡不難找到自己喜歡的墨鏡,而且戴起來很能夠修飾臉型。二樓還有獨一無二的手工款墨鏡,有款墨鏡我看了好久決定要買,可惜是唯一一支的絕版品!

地址 首爾市江南區新沙洞 520-9
電話 (+82)70-4895-1410
營業時間 11:00 ～ 21:00
網址 www.gentlemonster.com

FAYEWOO

逛街時無意間被櫥窗吸引走進去的一家設計師小店,店內的服飾風格簡單中帶著華麗感,印花單品更是讓人心動,每套都想帶回家。由於商品數量不多,怕撞衫、喜歡獨特風格的人不妨來這家小店走走。

地址 首爾市江南區新沙洞 545-13
電話 (+82)2-796-7272
營業時間 11:00 ～ 21:00
網址 www.fayewoo.kr

ARCHE（ARCHE reve）

韓國知名的設計師品牌，設計師 Yoon Choon Ho 因為參加時尚實境節目《決戰時裝伸展台》（Project Runway）第二季而一舉成名。少女時代的孝淵和徐玄參加 MAMA 頒獎典禮的時候，就是穿他們家的衣服喔！

它的風格是簡單中帶有小小的設計感，我在店裡看到倫敦電話亭圖樣風衣、復古鍵盤印刷襯衫，簡直愛不釋手！

地址 首爾市江南區新沙洞 544-5
電話 （+82）2-3676-7100
營業時間 10:00 ～ 21:00
網址 www.arche-reve.com

SOPHIE POWDEROOMS

SOPHIE POWDEROOMS 走 的 是法式優雅的風格，在店裡可以看到很多極簡風的單品，像是吊帶裙、襯衫、洋裝、可愛的帽子等等，營造出法國小女人的優雅味道。

地址 首爾市江南區新沙洞 657-20

VINTAGE HOLLYWOOD

韓國最受歡迎的平價配件品牌之一，包括：少女時代、全智賢、金喜善、MISS A 等女藝人，都有配戴過他們家的配件上節目。店內主要有二個品牌，HIGH CHEEKS 最為人知的就是唇部系列的單品，像是嘴唇包包和項鍊、手鍊等等，都很值得入手；另一個品牌 VINTAGE HOLLYWOOD 則是走手工精緻路線，充滿華麗的細節，泫雅在《CRAZY》專輯造型中，就有戴它的寶石髮帶出現喔！

地址 首爾市江南區新沙洞 520-12
營業時間 11:00～20:00
網址 www.vintagehollywood.co.kr

VENIMEUX

在韓劇《繼承者們》中，金宇彬配戴他們家的手環而造成轟動的韓國設計師品牌！店內的配件以及包包都是手工製作，非常精緻；它的商品走極簡風，很有質感，是非常耐看的品牌。手工戒指、手工設計小包都是推薦好物。

地址 首爾市江南區新沙洞 534-23
電話 （+82）2-517-9228
營業時間 11:00～21:00 假日營業至 22:00
網址 www.venimeuxmaison.com

A cc bee

這家設計師小店販售各式各樣的項鍊、手工飾品，風格比較偏向成熟的華麗感。店內商品單價不算高，也可以找到設計師的 SELECT 商品。

地址 首爾市江南區新沙洞 540-22
電話 （+82）2-511-7494
營業時間 11:00 ～ 21:00
網址 www.montasuluz.com

---

bpb

在這邊可以找到充滿創意的包包、配件和飾品，f(X)、SHINee 等人氣偶像也經常配戴這牌子的飾品。如果想要買到 K-POP 明星身上的特殊配件，不妨來這裡碰碰運氣。

地址 首爾市江南區島山大路 11 街 38（首爾市江南區新沙洞 535-4 B1F）
電話 （+82）2-4208-9963
營業時間 週一～週五 10:00 ～ 20:30 ／週六 13:00 ～ 20:00 ／週日公休
網址 www.worldbpb.com

lapalette

韓國設計師品牌，分為真皮跟 PU 材質兩種，真皮包包價格大約 30 萬韓幣起跳，PU 材質價格則多落在 10 萬～20 萬韓圜。lapalett 包包的最大特色是用皮革拼貼成可愛的圖案，像是狐狸、車子……各種奇形怪狀的圖案，

具有童趣感。在韓劇《繼承者們》中飾演李寶娜角色，也是 f(X) 成員的 Krystal，以及少女時代的潔西卡都是它的代言人，私底下都可以看見她們揹 lapalett 的包包。

地址 首爾市江南區島山大路 13 街 31-1（首爾市江南區新沙洞 535-17）
營業時間 11:00 ～ 21:00
網址 www.lapalette.co.kr

BABARA

BABARA 是一家已經有 20 年歷史，專門製作手工鞋的韓國品牌。所設計的鞋款非常時尚，在全世界各地都有擁護者，包括時尚女模米蘭達、少女時代的 Tiffany 都是 BABARA 的愛用者。除了主打舒適好穿的平底鞋之外，BABARA 也陸續推出了男女款運動鞋及童鞋，讓男女朋友有機會穿著情侶鞋逛街，媽咪也可以和小寶貝一起穿親子鞋出門，共享時尚樂趣。

地址 首爾市江南區宣陵路 157 街 23
營業時間 11:00 ～ 22:00
網址 www.babaraflat.co.kr

suecomma bonnie

　　韓國人氣女星孔曉振最愛的鞋子品牌，她跟該品牌有一系列的聯名合作發表。suecomma bonnie 走的是相當有設計感的風格，價格約在台幣 1 萬左右。店裡販售各式各樣的靴子、運動鞋、高跟鞋，喜歡特殊鞋款的人，一定要來這裡逛逛。

地址 首爾市江南區新沙洞 535-17 2 樓
營業時間 11:00 ～ 21:00
網址 www.suecommabonnie.com

Kasina

　　這間長得很像教堂的三角型建築，是一間販賣潮牌的鞋店，販售知名品牌如 NIKE、PUMA、Toms 的限量鞋款。如果你想找一些特殊鞋款，不妨來這家店挖寶，相信不會讓你失望。

地址 首爾市江南區新沙洞 647
營業時間 12:00 ～ 22:00
網址 www.kasina.co.kr

PART 6
韓國美妝
掃貨指南

身為美妝部落客，美妝當然也是崔小咪去首爾時血拚的重點。韓國的彩妝品牌眾多，價格也十分親民，從小資女到貴婦級的產品統統都有！而且，韓國的美妝品不斷推陳出新，從早期的 BB 霜到最近很夯的氣墊粉霜，還有永遠都有新色的唇彩、唇膏……每次去都會有新的驚喜和發現。走進首爾大街小巷林立的美妝店，看到琳琅滿目的商品，常常會令人忍不住手滑、陷入失心瘋的狀態！

OLIVE YOUNG

OLIVE YOUNG 是韓國第一連鎖藥妝店,共有三百多家店。尤其明洞旗艦總店更是人潮熱絡,不少觀光客聚集在那。明洞店共有二層樓,包括臉部保養、彩妝、身體護理、頭髮護理、生活用品區……店家還貼心地整

理出韓國人氣美妝節目《Get it beauty》介紹的商品熱賣排行榜,就算不懂韓文的人也可以輕鬆購物。

ARITAUM

韓國最大化妝品公司艾茉莉太平洋集團經營的複合美妝店,販售旗下的知名美妝品牌,如 Laneige、IOPE、MAMONDE……等熱賣商品,相當受到愛美的女性歡迎。

SON&PARK

由全智賢的化妝師孫大植和少女時代化妝師朴泰潤兩大彩妝大師自創的彩妝品牌，明星加持是 SON&PARK 的最大亮點。它所推出的彩妝品實用度非常高，不論是色彩及品質，都深受韓國女生喜愛。

推薦商品

▶ **眼影盤**　SON&PARK 最有名的是走大地色系路線的眼影盤，實用度高。

▶ **唇膏**　這也是一款詢問度相當高的產品。

su：m 37°

su：m 37°（呼吸）是 LG 旗下的天然發酵保養品品牌，不含酒精、不含色素、防腐劑等化學添加物，就連孕婦也可以安心使用。使用過後，膚質真的能夠得到改善。

推薦商品

▶ **美白排毒面膜**　保濕又清爽，使用後不會有不舒服的黏膩感，很適合台灣炎熱的氣候使用。除了可以幫助排除肌膚裡面的毒素，也有很好的除痘效果。

▶ **魔法精華液**　可以縮小毛孔、潤澤肌膚，是 su：m 37° 的必敗單品。

BEYOND

　　BEYOND 是韓國知名的保養品品牌，強調天然、有機。它推出了非常多款的功能面膜，包括臉部面膜、瘦身面膜等等多元化商品。新一季的代言人是金秀賢，讓許多喜歡「都敏俊 C」的粉絲們忍不住驚聲尖叫！

推薦商品

▶ **動物面膜**　光是看臉書打卡就知道，這款動物面膜實在紅到不行，以往敷面膜都是醜得不想見人，但敷這款面膜一定要照相炫耀一下的啦！光是效果就有分保濕、亮白等等。然而，可愛的動物圖案才是重點，那妳想當什麼動物呢？

▶ **河馬瘦身貼**　有機植物萃取物提煉而成，可以促進血液循環、幫助分解脂肪，有局部瘦身的效果。

Belif

　　這是 LG 與愛爾蘭醫生合作研發的品牌。由於韓國專業的彩妝師的推薦，才讓崔小咪發現了它的存在。當時在韓國為了跟韓妞一起搶貨只好在專櫃狂掃貨，幸好最近台灣也開始引進。Belif 主打的保濕系列，質地相當清爽，尤其是擦完之後皮膚相當保濕不黏膩，讓妝感更服貼。

推薦商品

▶ **紫芹 26hr 潤澤炸彈霜**　乾性肌上妝前必用！在韓國拍婚紗的時候，彩妝師就是用這款保濕霜產品打底。擦完之後，皮膚真的變得水嫩光亮，保水度非常夠，讓我一用就愛上！更加分的是，這款保濕霜帶有淡淡的植物清香，擦完後讓人感覺到舒服放鬆，有療癒的功效。

▶ **含生草保濕前導精華**　質地透明、清爽，讓保養品更好吸收，就算只擦這罐，保濕度也很夠。

Banila co.

Banila co. 是韓國知名時裝企業所推出的彩妝品牌，針對 20 ～ 40 歲的都會女性所設計。因為有時尚背景的加持，再加上價格親民、產品好用，相當受到歡迎。之前請到前少女時代成員潔西卡擔任代言人，這季則是《RUNNING MAN》的成員宋智孝。

推薦商品

▶ **保濕潤色柔焦 CC 霜**　韓妞大力推薦的產品。試擦之後，我發現它的質地清透，並且具有調色的效果，能讓肌膚呈現裸妝透亮感。

▶ **蜂蜜光澤高度鎖水面霜**　如果妳的皮膚比較乾燥，建議擦 CC 霜時搭配它們家含有蜂蜜成分的乳霜使用。

▶ **保濕卸妝冷凝霜**　彩妝界口耳相傳的明星商品，溫和卸妝、不刺激皮膚。

▶ **毛孔隱形妝前修飾霜**　使用之後皮膚會變得比較平滑，讓妝感更服貼。

....

VDL

VDL 這三個字母各別代表 Violet（紫羅蘭）、Dream（夢想）、Luminous（光芒）。這個牌子不僅由韓國大廠 LG 研發，還找來國際知名彩妝師、Burberry 首席彩妝顧問 Wendy Rowe 一起合作；和一般韓國彩妝品牌比起來，時尚的形象更加鮮明，是適合一般新手入門的專業級彩妝品牌。

推薦商品

▶**3D 立體光耀璀璨妝前乳**　含有 Violet Lumilayer Pigment 成分，能為臉部打造出清亮透明的光彩、去除臉上黯沉，增加立體感。

▶ **三色漸變咬唇妝唇膏**　VDL 的唇膏也非常有名，保濕度非常好，而且持久度高！粉紅色的色號是熱賣款。

THE SAEM

　　真的很佩服韓國品牌的行銷策略，經常請到當紅的明星代言，迷妹們很容易一不小心就手滑了！由醫師共同研發的 THE SAEM，請到韓國知名男歌手 GD 擔任代言人，果然達到吸引迷妹的效果（就是我本人無誤）！

推薦商品

▶ **蝸牛面膜**　櫃姐很推薦的黃金蝸牛系列算是他們家的明星商品，保濕效果佳。

▶ **黃金蝸牛 24K 純金 + EGF 抗斑深層除皺眼霜**　有抗皺、淡化細紋的效果，搭配紅外線震動導入按摩棒使用，事半功倍！

3CE

　　在台灣相當熱門的 3CE（3 CONCEPT EYE），是韓國知名網拍品牌 STYLENANDA 於 2009 年推出的美妝品牌，包裝簡約、色彩鮮明，是很多韓星愛用品牌。

推薦商品

▶ **唇頰二用霜**　可用於唇彩和臉頰，讓化妝包減少一些重量。

▶ **眼線液筆**　抗暈染、持久度高。

▶ **指甲油**　顏色選擇多，而且效果不輸給歐美大牌。

▶ **唇膏**　尹恩惠在韓劇《想你》裡就有使用它們家的 #402 唇膏；全智賢在《來自星星的你》中使用同款唇膏，更是帶動了一股銷售熱潮！

CLIO

韓國的平價開架彩妝品牌，它們家最有名的就是多色彩的唇膏還有眼線筆，許多豐富大膽的顏色都可以在這邊找到，而且持久度很好，目前是韓國開架眼線筆的領導品牌，代言人是風靡亞洲的韓國女星孔曉振。

推薦商品

▶ **唇膏** 顏色種類多，能夠應付各種彩妝。

▶ **眼線筆** 顏色飽滿，而且防水，一整天下來不脫妝。

peripera

韓國女子天團 Wonder Girls 代言的 peripera，其中 WONDER LINE 系列，很值得入手！它的彩妝顏色非常地齊全，價位比一般開架彩妝高一點，但質感不錯，貓女圖案更是超級可愛！

推薦商品

▶ **透潤變色唇膏** 有淡淡果香味，可以畫出自然的紅唇妝，螢光粉紅的顏色更是爆炸無敵美！

INNISFREE

　　INNISFREE 有「心靈小島」的涵意，是韓國愛茉莉太平洋集團旗下的高人氣彩妝保養品牌，原料全都是萃取自天然的草本成分，連包裝也具有環保概念，產品種類多，溫和不刺激，適合各種膚質使用。

推薦商品

▶ **超級火山泥面膜**　來自濟州島的火山泥製成，可以溫和地去角質，達到深層清潔、收縮毛孔等功效，回購率高。

IOPE

　　IOPE 是 Integrated Effect Of Plant Extract（植物萃取物的複合體）簡稱，同樣是韓國愛茉莉太平洋化妝品集團的明星品牌，在台灣也相當受到輕熟女歡迎。

推薦商品

▶ **水潤光感舒芙蕾粉凝乳**　IOPE 的熱賣商品，也是很多韓妞化妝包必備的底妝聖品。
▶ **生物密集精華露**　韓妞推薦日常保養必備的精華液，有「韓國 SK-II」、「神仙水」之稱。
▶ **唇膏 #44 桃紅 #18 紅色**　因為韓劇《來自星星的你》全智賢在劇中使用而熱賣！保濕度很好，顯色度也夠。

eSpoir

　　韓國愛茉莉太平洋化妝品集團旗下的 eSpoir，以「Fashion Make up」為品牌定位，結合全世界最新的流行趨勢推出的高質感又時尚的彩妝商品相當受好評，是喜歡流行彩妝的妳絕對不容錯過的品牌喔！

推薦商品

▸ **氣墊粉底**　曾經被韓國美妝節目《Get it beauty》票選為最值得購買的氣墊粉底，遮瑕力不錯。

▸ **防水眼線筆**　可以維持一整天不暈染，顯色度高。

TONYMOLY

　　TONYMOLY 有「蘊含美麗與時尚」的涵意，是韓國相當受歡迎的化妝保養品牌，讓女孩們可以盡情體驗美容及彩妝的樂趣。蝸牛系列是店裡的長銷熱賣產品。

推薦商品

▸ **KISS LOVER 系列唇彩**　泫雅代言，崔小咪完全是被代言人燒到（笑）！

THE FACE SHOP

　　THE FACE SHOP（菲詩小鋪），以崇尚自然主義為核心理念，推出了許多天然有機保養品，相信大家對這個品牌都不陌生吧？它的代言人就是紅遍亞洲的男神金秀賢，也是韓國年輕女孩相當推崇的品牌之一。

推薦商品

▶ **芒果籽絲潤亮澤奶油霜**　具有良好保濕效果，能夠長時間維持肌膚的水嫩光滑。

▶ **胚芽籽深層淨白活顏精露**　萃取自野生大豆胚芽，讓肌膚更清透、有光澤。

NATURE REPUBLIC

　　NATURE REPUBLIC（自然樂園），最早是靠著《原來是美男》男主角張根碩代言在台灣打響知名度，它以原始純淨的理念出發，採用天然植物原料，是相當有人氣的平價美妝保養品牌。

推薦商品

▶ **92% 蘆薈補水修護保濕凝膠**　店內熱賣的明星商品。由於價格便宜，也很適合當作伴手禮。

too cool for school

　　充滿創意和童趣的包裝是 too cool for school 最大的特色，裡面的彩妝、保養品都有令人忍不住會心一笑的名字。除了可愛包裝的產品之外，連陳列都想要搬回家（笑）。

推薦商品

▶ **柔滑雞蛋泡沫面膜**　含有豐富的蛋白質成份，具美白修護效果。

ETUDE HOUSE

　　走粉紅夢幻公主風的 ETUDE HOUSE，產品包裝相當可愛，物美價廉，是很多年輕女生愛用的彩妝保養品牌。

推薦商品

▶ **小公主腮紅**　色彩鮮明、妝效持久，內附蝴蝶結造型粉撲。

It's skin

　　由韓律化妝品公司與皮膚科醫生合作開發的平價醫美品牌，所推出的蝸牛系列，十分受到愛美女性的歡迎。

推薦商品

▶ **能量 10 精華液** 共有 13 款商品，針對不同肌膚的狀況，像是美白、抗皺、保濕、毛孔收縮……有改善的效果。

國家圖書館出版品預行編目資料

韓妝女神：崔咪的韓系百變妝髮術 / 崔咪著.
-- 初版. -- 臺北市：平裝本，2015.09
面；公分. --（平裝本叢書；第 419 種）
(iDO；81)
ISBN 978-957-803-978-0（平裝）

425.4   104014512

平裝本叢書第 0419 種
iDO 81

韓妝女神
崔咪的韓系百變妝髮術

作　　者—崔咪
發 行 人—平雲
出版發行—平裝本出版有限公司
　　　　　台北市敦化北路 120 巷 50 號
　　　　　電話◎ 02-2716-8888
　　　　　郵撥帳號◎ 18999606 號
　　　　　皇冠出版社（香港）有限公司
　　　　　香港上環文咸東街 50 號寶恒商業中心
　　　　　23 樓 2301-3 室
　　　　　電話◎ 2529-1778　傳真◎ 2527-0904

總 編 輯—龔橞甄
責任編輯—平靜
美術設計—程郁婷
著作完成日期—2015 年
初版一刷日期—2015 年 9 月

● 皇冠讀樂網：www.crown.com.tw
● 皇冠Facebook：www.facebook.com/crownbook
● 小王子的編輯夢：crownbook.pixnet.net/blog